无人飞行器在线避障技术

杨秀霞　张毅　刘小伟　周硙硙　著

北京航空航天大学出版社

内 容 简 介

本书主要阐述了无人飞行器飞行时的在线避障技术，包括采用速度障碍圆弧法、空间速度障碍球冠法、比例导引律、线性导引律，以及基于 Terminal 滑模控制的导引方法等，以实现能够基于导引及路径重规划的在线避障。

本书可为无人飞行器自主协同控制、导引及指挥等相关专业的科技工作者提供重要的理论和实际参考，也可作为高等院校相关专业的高年级本科生、研究生和教师的教学参考用书。

图书在版编目(CIP)数据

无人飞行器在线避障技术 / 杨秀霞等著. -- 北京 : 北京航空航天大学出版社，2019.10

ISBN 978-7-5124-3122-5

Ⅰ. ①无… Ⅱ. ①杨… Ⅲ. ①无人驾驶飞行器—智能技术 Ⅳ. ①V47

中国版本图书馆 CIP 数据核字(2019)第 218975 号

无人飞行器在线避障技术

杨秀霞 张毅 刘小伟 周硙硙 著

责任编辑 张冀青

*

北京航空航天大学出版社出版发行

北京市海淀区学院路 37 号(邮编 100191) http://www.buaapress.com.cn

发行部电话:(010)82317024 传真:(010)82328026

读者信箱: goodtextbook@126.com 邮购电话:(010)82316936

北京九州迅驰传媒文化有限公司印装 各地书店经销

*

开本:710×1 000 1/16 印张:10.25 字数:218 千字

2019 年 10 月第 1 版 2019 年 10 月第 1 次印刷 印数:1 000 册

ISBN 978-7-5124-3122-5 定价:49.00 元

若本书有倒页、脱页、缺页等印装质量问题，请与本社发行部联系调换。联系电话:(010)82317024

前　言

由于无人飞行器(Unmanned Aerial Vehicle，UAV)具有环境适应性强、不受飞行员过载约束、能够全天候执行任务等优点，无论是在未来战场还是在民用领域，其应用范围都将越来越广泛。

随着军用、民用以及商用无人飞行器数量的不断增加，UAV所要面对的飞行环境变得日益复杂，其在飞行过程中的安全性问题也得到了越来越多的关注，因此如何顺利躲避各种障碍物已成为亟待解决的关键问题。若缺乏相应的控制手段，UAV系统整体效能将会受到影响，更甚者，会由于多UAV间在时空资源、任务层面上的相互矛盾而发生冲突，甚至碰撞的危险，最终导致既定任务的失败。

随着UAV的飞行安全问题得到越来越多的关注，感知和规避作为UAV系统中的基本问题，直接关系到UAV飞行平台的安全和智能化水平，也是UAV更为广泛应用的主要挑战之一。为了保证UAV在执行任务过程中的安全，提高其作战效能，需要为UAV配备高性能的自主检测和避障系统，而威胁判断和碰撞规避算法又是该系统的核心，因此本书针对复杂动态环境下的UAV在线避障及导引问题进行了研究。

本书主要内容如下：

首先提出一种速度障碍圆弧法，通过障碍圆弧参数量化威胁障碍物的影响，确定UAV对威胁障碍物避障的最优速度矢量方向。

考虑到复杂环境中动态不确定性，建立了动态不确定速度障碍模型，设计了相应的自主避障算法。

针对UAV的空间避障，提出一种空间速度障碍球冠法，给出相应的保角映射分析法，可确定最小避障速度矢量偏转角，并简化了计算；另外，还建立了三维动态不确定速度障碍模型，提出了动态不确定空间速度障碍球冠法。

本书给出了基于比例导引律的避障方法。借助比例导引律的思想，通过将无人飞行器与动态障碍物的相对速度方向导引到避障向量方向，从而完成避障。

为了使避开动态障碍物后路径偏离原路径角度最小，书中提出了基于线性导引律的避障方法。

考虑到无人飞行器同时避开多障碍物及多无人飞行器间避碰等复杂

情况，基于线性导引避障方法对该问题进行了研究。

考虑到无人飞行器在避开动态障碍物过程中各种干扰对避障效果的不利影响及避障完成时间约束等因素，提出了基于 Terminal 滑模控制的无人飞行器避障方法。

本书是作者所在的研究小组多年从事无人飞行器智能控制及导引的研究的成果，该研究小组在无人飞行器导航、制导及控制方面，做了卓有成效的工作。感谢海军航空大学的领导和同事们对本项目的关心、指导与帮助，感谢华伟、孟启源、罗超、曹唯一、方国伟、严瑄等对本书的贡献，感谢为本书的出版做出贡献的人们。

复杂动态环境下无人飞行器在线避障的研究，是一个不断发展的重要研究方向。本书对无人飞行器系统的研究主要专注于对其自主避障及导引的研究，以实现动态在线自主避障，而作为全面、实用的系统，还有很多工作要做。希望更多的读者关注这个具有挑战性的研究领域，使相关问题得到进一步研究和解决。限于作者的学识水平，本书一定还存在不少缺点和错漏，恳请读者不吝指教。

作　者

2019 年 8 月

目　　录

第1章　绪　论

1.1　研究背景及意义

近年来，无论是在军事领域还是在民用领域，以无人机为代表的无人飞行器(Unmanned Aerial Vehicle，UAV)都得到了广泛的关注。在军事方面，由于UAV的尺寸相对较小，因此它具有高隐蔽性，可以有效降低被敌方发现的可能；如果不考虑人承受过载能力的影响，UAV还可以以非常高的过载机动能力进行飞行，在躲避敌方的攻击并摆脱威胁方面具有明显的优势；而无人驾驶的特点，决定了其在执行任务时没有人员的伤亡并且可以长时间对某一区域执行侦察任务。因此，UAV非常适合在战场的前线完成侦察监视、空中预警、通信中继、电子干扰、拦截战区导弹和战损评估等任务。在民用方面，UAV同样可以完成环境监测、地形勘测、森林火险监测、对受核或者化学污染严重区域的取样、对人类无法进入的灾区进行搜救等相对繁重并且危险性高的任务[1]。

然而随着飞行环境日益复杂，尤其是在敌方导弹、雷达等各种武器充斥的战场环境下，对于UAV而言，如何顺利躲避各种障碍物成为亟待解决的关键问题[2]。这里所说的障碍物，既包括在全局路径规划中明确已知的静态障碍物，又包括在UAV行进过程中发现的未提前预知的静态障碍物或突然出现的动态障碍物。对全局已知的静态障碍物的避障过程称为全局路径规划，对后者出现的静、动态障碍物的避障过程称为在线避障路径规划[3]。对于在全局环境中已知的障碍物而言，如何设计满足指标要求(如路径最短、路径曲率小等)、UAV飞行性能(如最大法向过载、最低飞行高度、最大曲率要求等)并能够躲避已知障碍物的技术方法已相当成熟；对于在飞行过程中发现的障碍物，如何设计避障方法，使UAV在满足自身性能约束下，以一定指标(避障完成时间短或相对原路径改变最小等)在线避开发现的障碍物，已成为国内外众多学者研究的热点课题。本书就是在当前在线避障方法研究成果的基础上，对UAV如何更快速、更合理地避开路径上发现的障碍物展开进一步研究，更好地解决UAV在线避障问题。

1.2　UAV避障规划面临的问题和挑战

UAV避障在很多方面不同于常规的地面机器人，其面临的问题和挑战[4-5]主要有以下几点：

① 虽然相对于有人机而言，UAV 具有更大的机动性，但是它也必须满足一定的过载约束，不能进行急停或急转弯机动等；

② UAV 的运行环境日益复杂，战场形势瞬息万变，对 UAV 任务的完成提出了更高的要求，尤其是对系统实时性要求大大增强；

③ UAV 的规划路径应平滑具有连续性，满足 UAV 的最小转弯半径和最大转弯角速率等动态性能约束，以保证规划路径可飞；

④ UAV 面对的威胁障碍类型多样，如高山、防空阵地等静态障碍，其他飞行器等动态障碍物，需要具备路径重规划能力；

⑤ 同时 UAV 的飞行还需要考虑燃料消耗、姿态控制、避障时间、机载空间等多方面因素。

综上所述，UAV 的避障规划技术还尚未成熟，还有许多问题亟待解决。

1.3 国内外研究现状

在现代战争中，无论是对于有人飞行器还是无人飞行器，完成任务的前提都是寻找一条安全可靠的可飞行路径，UAV 的各种部署方案都需要其在不明区域的导航能力，航迹规划技术也是提高其实际作战效能的关键技术之一[6-8]。随着 UAV 技术的不断发展，UAV 越来越多地被应用于自动化环境，UAV 的冲突探测和解决（Conflict Detection & Resolution，CD&R）系统框图如图 1－1 所示。

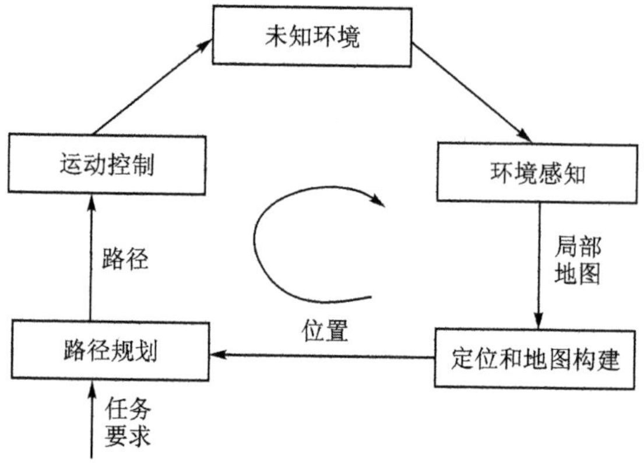

图 1－1　UAV 的冲突探测和解决系统框图

UAV 系统的感知与规避功能是使 UAV 在飞行过程中自主探测并规避所遇到的障碍物，以保证 UAV 的飞行安全。UAV 的冲突探测和消解涉及环境感知、定位与地图构建、路径规划与运动控制等多个子环节[9]，涵盖了系统工程、现代控制技术、空气动力学、计算机技术、控制与决策以及信号处理等相关技术，是一个综合性的问题。环境感知就是 UAV 通过自身携带的传感器或其他外部手段来对飞行环境进行感知，并对获得的信息进行采集和处理，从中解读出 UAV 安全飞行所需要的信息。定位与地图构建就是通过对传感器感知所获得的信息进行解读，构建 UAV 的飞行仿真环境，并确定飞行环境中各 UAV 和动静态障碍物的状态，如位置、速度等信息。路径规划与运动控制就是根据 UAV 的任务要求，对 UAV 的飞行环境进行在线分析，在满足 UAV 过载约束的要求下，使 UAV 能够安全无碰撞地完成既定任务或到达指定目标点。

避障路径规划就是在满足相关运动学约束（如最大过载、最小速度、最小转弯半径等条件）和相关性能指标（如距离、时间、能耗等）的基础上，在起始点和终止点之间确定一条安全且无碰撞冲突的可行路径，这是任何一个自主行动智能体都要面对的问题，也是多智能体系统能够成功完成任务的关键。早年随着机器人技术的不断升温，各国学者针对地面机器人的避障方法进行了相关研究，随着 UAV 自主性要求的不断增强，各种机器人的避障方法逐渐应用于 UAV 上，并针对 UAV 的运动学特性和相关要求，进行相应的设计或改进，并取得了非常多的研究成果。UAV 的避障路径规划是为 UAV 规划一条从起点到终点的无碰可行路径，避障规划方法多种多样[10]，根据环境信息是否完全已知，可将避障算法分为两大类：全局（静态）路径规划和局部（动态）路径规划。下面对 UAV 避障方法的相关研究成果进行简要总结。

1.3.1 经典全局路径避障规划算法

UAV 所在的环境通常被称为配置空间。配置空间法就是一种常用的离线全局路径规划方法，其中心思想是将 UAV 简化为一个质点，同时每个障碍物进行相应的扩大，将 UAV 的路径规划问题简化为二维或三维问题，借助空间的基本概念，采用无方向图表示路径的方法，在给定了起点 P_s 和终点 P_f 的情况下，可以产生所有可能的避免碰撞发生的路径。最后根据经典的数学理论或者寻优方法进行计算，就可得出全局较优路径。国内外许多学者提出并研究了许多经典的路径规划算法，如路线图方法和单元分解方法等，为人们所熟知的路线图方法有可视图法（Visual graph）[11]和沃罗诺伊图[12]（Voronoi graph）法。

1. 可视图法

如图 1-2 所示，顾名思义，可视图法是通过连接起点和终点之间的障碍物的相互可见的顶点来规划路径，并选择长度最短的路径作为最优路径，是最早的路径规划方法之一。在该方法中，只考虑多边形障碍物，例如在 $G=(V,E)$ 中，V 表示障碍物的顶点，边线 E 表示不与障碍物相交的连接所有顶点的直线段，最后通过图形搜索算法（如 Dijkstra 法、A * 搜索算法等）就可以得到连接起点和终点的最优路径。该方法的效率和可选路径数量依赖于环境中多边形障碍物的数量和边缘，而且该方法针对动态环境效率较低，比较适合稀疏静态且环境信息全部已知的路径规划。同时在避障过程中，UAV 与障碍物顶点之间的距离会很小，如果产生位置误差，则极易发生碰撞，所以这对 UAV 而言是存在安全隐患的。

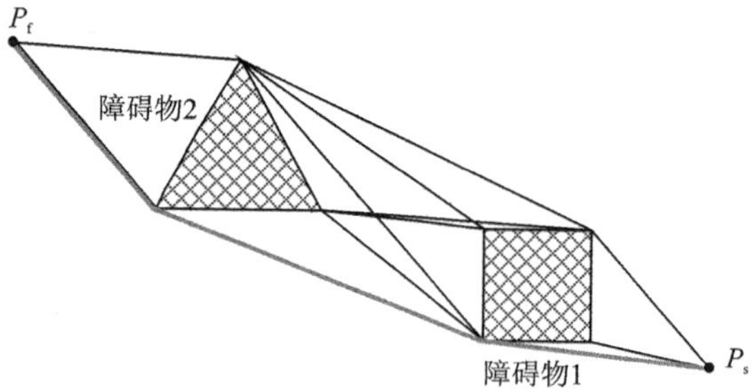

图 1－2　可视图法示意图

2. 沃罗诺伊图法

Voronoi 图[13-14]是在可视图的基础上改进而来的，是由若干个围绕障碍物的共边多边形产生的连接图。该方法倾向于使 UAV 与障碍物之间的距离尽可能最大，因此得到的路径比可视图法更安全。共边多边形的构造方法首先是构造一系列连接障碍物之间中点的直线，然后做这些直线的垂直平分线得到，最后调整这些边使其具有最少的顶点，从而得到沃罗诺伊图，如图 1－3 所示。最终得到的多边形可视为一个连接图，通过搜索算法，可以得到连接起点和终点的路径，考虑到 UAV 的最小转弯半径约束，通过在路径拐点处添加内圆角，将该路径修正成一条可飞行的安全路径。

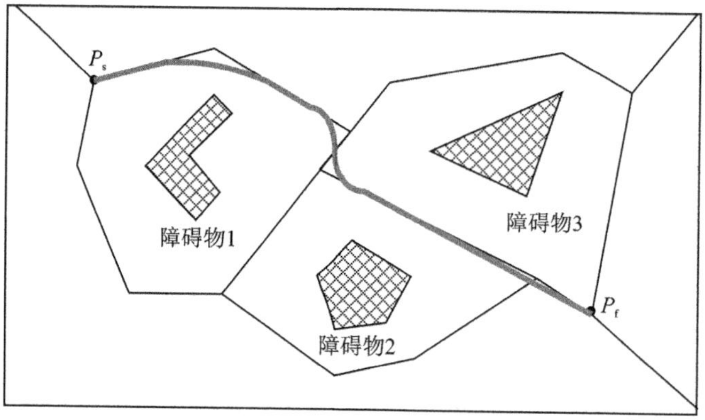

图 1－3　Voronoi 图法示意图

3. 单元分解法

单元分解法有时也称为栅格法[15]，其基本原理是将 UAV 的运行空间进行分解，分解为相互间不叠加的单元，通过连接起始点与目标点之间相邻的无障碍自由单元得到可行的路径。自由单元是不被障碍物占用的单元，反之则称之为障碍单元，然后使用启发式等搜索算法在自由单元中确定无碰路径。

作为一种流行的单元分解方法，图 1－4 给出了这一过程的概略图，其中障碍物占用的阴影部分被忽略，通过用一系列的直线段将自由栅格连接起来，可得到连接起点和终点的路径。这个图显示了一种简单的环境分割法，称为精确单元分解法。网格法广泛地用于生成地图环境，主要难点是如何确定网格尺寸的大小，网格尺寸越小，环境表示越精确，然而也会带来所需内存空间和搜索范围的指数上升；反之网格尺寸越大，环境表示越粗糙，但计算速度能得到提升。同时，当周围环境实时变化时，该方法也有很大的不足和局限性。

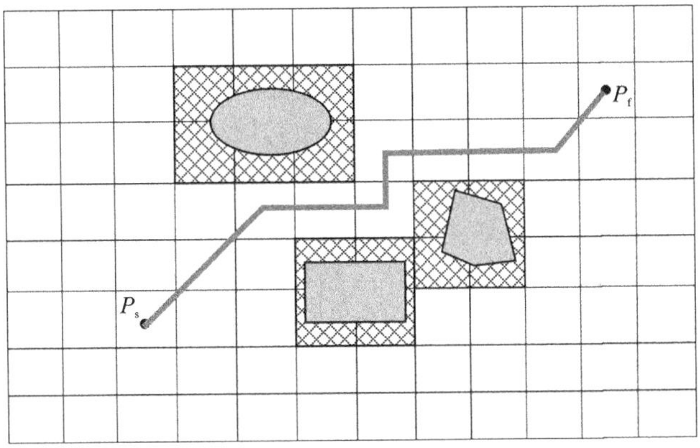

图1-4 单元分解法示意图

1.3.2 局部路径避障规划算法

经典方法虽然是有效的，但是往往需要更多的搜索时间，并且当外部运行环境动态变化的时候，计算量会大大增加，该问题会变得更加复杂。因此，国内外一些学者提出了主动反应式局部避障算法来进行路径规划，如人工势场法（Artifical Potential Field，APF）、模型预测控制法、导引法及速度障碍法（Velocity Obstacle，VO）等。

1. 人工势场法

人工势场法是1986年由Khatib提出的一种虚拟力法[16]，如图1-5所示。其基本原理是将UAV在周围环境中的运动视为一种在虚拟的人工受力场中的运动，目标点提供引力，障碍物提供斥力，引力和斥力的合力来共同控制UAV的运动。

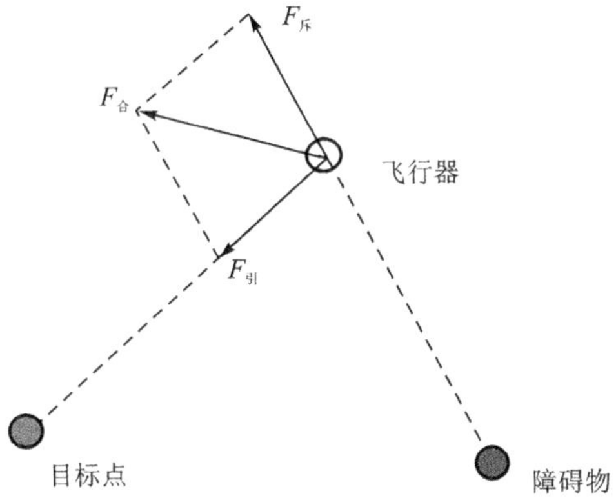

图1-5 人工势场法示意图

该方法具有设计简单、计算代价小、实时性好等特点，得到的规划路径平滑可飞，因此被广泛地应用于机器人路径规划和实时避障。参考文献[17]通过引入高度势场函数将人工势场法扩展到三维立体空间，用于弹载飞行器的实时避障；参考文献[18]在设计势场函数中考虑了障碍物的速度，解决了动态环境中的避障问题；参考文献[19-20]分别运用人工势场法解决了多个机器人的避碰问题。尽管在国内外学者的努力下，人工势场法得到了许多改进，但是其仍然难以避免陷入局部最小值、存在不必要的运动或目标点不可达等缺陷。

2. 模型预测控制法

模型预测控制理论最早出现在20世纪70年代，属于最优控制算法的一种，主要是通过对过去过程信息的分析来预测判断未来的输入和输出情况，目前已成功应用在生产过程复杂、又不易精确建模的工程控制中[21]。其预测过程主要由预测模型建立、滚动优化、反馈校正三部分组成。由于该方法并不需要全局环境的先验知识，仅凭传感器探测到的局部环境信息就可利用滚动优化及反馈校正设计出无碰路径，因此可基于该方法进行局部在线避障路径规划。

考虑到该理论可以处理系统中的输入饱和及状态约束等非线性问题，因此可把该方法应用到复杂环境中的路径规划[22-25]。同时，由于在预测控制过程，可以在有限时域进行多步滚动优化和反馈校正，因此设计的避障路径考虑了未来环境变化对避障的影响，设计的路径可以避开动态障碍物。

参考文献[26]借鉴预测控制的原理运用到移动机器人路径规划技术上，提出了基于滚动窗口优化的一种移动机器人路径规划新方法，实现了机器人在局部环境下进行动态路径规划方法的一大突破。参考文献[27]通过模型预测控制理论成功解决了UAV在线避障问题。

但是利用该方法进行UAV在线避障时，存在两个很突出的问题：一是计算量大，对于机载处理器有限制的UAV并不适合；二是基于该方法生成的路径并不是全局最优的。因此在一般情况下并不采用该方法进行UAV在线避障。

3. 导引法

为了解决UAV避障问题，有的学者借鉴导弹制导律，将导引方法应用于避障：参考文献[28]和[29]通过将速度向量导引到避障向量上实现避碰，得到了UAV航向角的变化规律，实现了对单个静态规则障碍物的避障；参考文献[30]将改进的比例导引法应用于避障，实现了UAV的动态避障，并且避障后速度方向角保持不变，保证了偏离原路径最小，但是针对相对速度设计导引控制律，需要同时改变UAV绝对速度的方向和大小，控制实现比较复杂；参考文献[31-34]引入微分几何的思想，使避障算法描述更加简洁明了。但是这些导引方法都没有考虑避障完成后UAV的运动，同时也不能很好地解决多障碍物避障问题。

4. 速度障碍法

速度障碍这一概念是由Fiorini P.和Shiller Z.在20世纪90年代提出的[35-36]，作为一种一阶局部避障方法，UAV和障碍物用具有一定安全半径的圆盘或球体代替，然后UAV用一个质点替换，并且障碍物的半径进行相应的扩大，同时还要考虑UAV和障碍物的位置和速度，将UAV的飞行速度范围划分为安全飞行速度区间和不安全飞行速度区间,通过将 UAV 速度偏转出不安全飞行速度区域实现避障。该方法所需数据量少,计算量小,实时性好。鉴于此,国内外许多专家学者对速度障碍法进行了改进:参考文献[37]引入评价函数,从备选速度集中选择最优速度向量作为避障速度向量,同时考虑 UAV 的过载约束来进行避障;参考文献[38-45]通过假设每个飞行器采取相同的避障策略,分别承担部分避障任务,克服了运用速度障碍法避障时路径产生震颤的问题,通过与其他 UAV 共享状态信息,实现了多个 UAV 之间的协同避障;参考文献[46-50]将通过机载传感器实时获取周围其他障碍物的状态信息,将障碍物的加速度因素考虑在内,运用速度障碍法解决了飞行器之间的非协同避障;参考文献[51-54]将速度障碍法扩展到三维空间,并假设 UAV 速度大小保持不变,实现了 UAV 的三维空间避障。

除此之外,还有遗传进化算法[55-56](GA)、蚁群算法[57](ACO)和粒子群优化算法[58](PSO)等人工智能优化方法。该类方法鲁棒性强,具有全局寻优能力,但设计比较复杂,计算代价大,不适应高速机动的 UAV 的实时路径规划要求。

1.4 本书主要研究内容及章节安排

本书以 UAV 在线避障问题为研究对象,考虑到避障快速性,给出在线避障方法。重点介绍基于比例导引律、线性导引律、最优指标导引、Terminal 滑模控制及 PH 曲线规划的避障方法,并对避开多障碍物及多 UAV 间避碰等问题展开研究。各章的内容如下:

第 1 章是绪论。

第 2 章首先针对 UAV 的平面避障,提出了一种速度障碍圆弧法,通过障碍圆弧参数量化威胁障碍物的影响,确定 UAV 对威胁障碍物避碰的最优速度矢量方向。

第 3 章为提升 UAV 自主避障算法应对复杂环境中的动态不确定性,将障碍物机动性及传感器测量误差考虑到 UAV 避障模型内,建立动态不确定速度障碍模型,并通过不确定障碍圆弧参数对威胁障碍物的影响进行量化,设计了相应考虑动态不确定性下 UAV 自主避障算法。

第 4 章针对 UAV 的空间避障,提出了空间速度障碍球冠法,将威胁障碍物对 UAV 飞行的影响通过空间障碍球冠参数转化为不可行的速度矢量方向范围;再给出空间障碍球冠的保角映射分析法,可确定 UAV 在空间中对威胁障碍物避碰的最小速度矢量偏转角,简化了 UAV 空间避障方向的求解。

第 5 章将三维动态不确定性通过障碍物速度矢量方向偏差来表示,建立三维动态不确定速度障碍模型,提出动态不确定空间速度障碍球冠法,并通过不确定空间障碍球冠保角映射分析法得到 UAV 在考虑动态不确定性下的空间最优避碰速度矢量方向。

第 6 章首先介绍了制导体制及制导方法和导引律。在此基础上,给出了基于广泛应用的比例导引律的避障方法。借助比例导引律的思想，通过使无人飞行器与动态障碍物的相对速度方向导引到避障向量方向，完成避障。

第 7 章为了使避开动态障碍物后路径偏离原路径角度最小，提出了基于线性导引律的避障方法。在该导引律的作用下，虚拟运动无人飞行器以相对速度运动到指定避障点，且相对速度方向满足避障要求，确保成功避障。

第 8 章考虑无人飞行器同时避开多障碍物及多无人飞行器间避碰等复杂情况，基于线性导引避障方法对该问题进行研究。对无人飞行器同时避开多障碍物，提出了基于最危险障碍物确定避障点的原则；对多无人飞行器间的避碰，设计了无人飞行器间按比例避碰的方法，仿真结果验证了方法的有效性。

第 9 章考虑到无人飞行器在避开动态障碍物过程中各种干扰对避障效果的不利影响及避障完成时间约束等因素，提出了基于 Terminal 滑模控制的无人飞行器避障方法，给出了收敛时间与导引律参数之间的关系。在考虑无人飞行器可用过载约束条件下，通过选择合适的制导律参数，可使无人飞行器在克服各种不利干扰下，相对速度航向角在有限时间内收敛到期望的方向上，完成避障任务。

第 2 章　基于速度障碍圆弧法的二维 UAV 自主避障算法

2.1　概　述

UAV 在未知环境执行任务过程中,通常会遭遇到动静态障碍物,为提高 UAV 执行任务和安全飞行的能力,需要设计一种自主避障算法使 UAV 能够实现对感知到的动静态障碍物避碰,且自主式 UAV 需要具备在线避障规划的能力。一些学者对 UAV 的二维平面避障进行了研究,提出了一些避障算法,这些避障算法通过建立 UAV 与障碍物之间的简化避碰模型,分析之间的几何关系实现 UAV 对威胁障碍物的避碰,但这些避障算法在处理多动静态障碍物避碰时,会显得较为复杂。另外,这些避障算法通过障碍物威胁性判断准则,只考虑 UAV 对威胁障碍物的避碰,忽略了"潜在"威胁障碍物对 UAV 避碰的影响。

为此,本章提出一种速度障碍圆弧法,该方法通过速度障碍圆弧参数量化威胁障碍物的影响,并建立复杂环境下的障碍威胁分级模型,将"潜在"威胁障碍物对 UAV 避碰的影响考虑到避障模型中,同时给出了 UAV 对威胁障碍避碰的速度矢量方向和避障点计算方法。另外,将提出的基于速度障碍圆弧法的二维 UAV 自主避障算法与二维 PH 曲线路径规划结合,验证提出的算法的有效性和可行性。

2.2　碰撞锥和速度障碍的定义

2.2.1　碰撞锥的定义

在未知动态环境下,UAV 执行任务的过程中,利用自身携带的障碍感知装置,可以感知到周围环境中存在的动静态障碍物(Obstacle,下称 UAV 感知到的障碍物为已知障碍物 O),并可以通过传感器获取障碍物 O 和自身的位置坐标、速度矢量等信息,即障碍物 O 和 UAV 的位姿信息 $\mathrm{pose2}_{\mathrm{obs}}(P_{\mathrm{O}},\boldsymbol{v}_{\mathrm{o}})$、$\mathrm{pose2}_{\mathrm{uav}}(P_{\mathrm{U}},\boldsymbol{v}_{\mathrm{u}})$ 可分别表示为

$$P_{\mathrm{O}}=(x_{\mathrm{o}},y_{\mathrm{o}}) \tag{2-1a}$$

$$\boldsymbol{v}_{\mathrm{o}}=\begin{bmatrix} v_{\mathrm{o}x} \\ v_{\mathrm{o}y} \end{bmatrix}=\begin{bmatrix} v_{\mathrm{o}}\cos\varphi_{\mathrm{o}} \\ v_{\mathrm{o}}\sin\varphi_{\mathrm{o}} \end{bmatrix} \tag{2-1b}$$

$$P_U=(x_u, y_u) \tag{2-2a}$$

$$\boldsymbol{v}_u=\begin{bmatrix} v_{ux} \\ v_{uy} \end{bmatrix}=\begin{bmatrix} v_u\cos\varphi_u \\ v_u\sin\varphi_u \end{bmatrix} \tag{2-2b}$$

式中，v_o、v_u 分别为障碍物 O 和 UAV 速度矢量 $\boldsymbol{v}_o$、$\boldsymbol{v}_u$ 的大小；φ_o、φ_u 分别为障碍物 O 和 UAV 速度矢量 $\boldsymbol{v}_o$、$\boldsymbol{v}_u$ 的方向角。

为便于 UAV 与障碍物 O 之间避碰模型的建立，根据 UAV 与障碍物之间的相对大小关系，将障碍物"膨胀"为半径为 R 的威胁圆，且威胁圆的半径由 UAV 自身的尺寸和障碍物的威胁辐射范围确定，相应的 UAV 被简化为一点；同时，根据 UAV 自身携带的障碍感知模块性能，设其感知距离为 d_0。那么，过 UAV 的位置坐标点 P_U 作障碍威胁圆$\odot P_O$ 的切线 l_1、l_2，示意图如图 2-1 所示，则 UAV 与障碍物之间形成的碰撞锥(Collision Cone, CC)可定义如下。

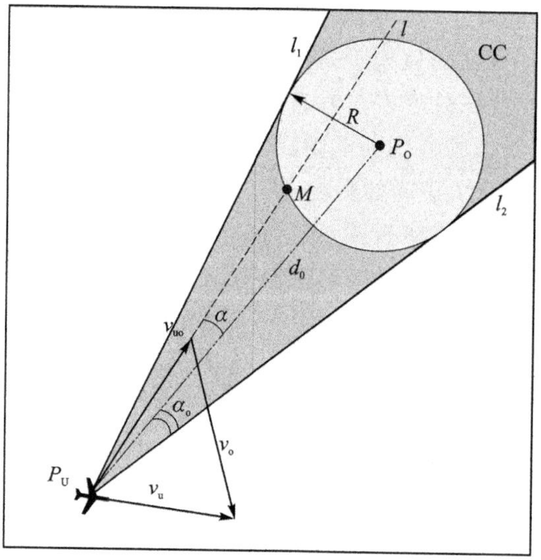

图 2-1 碰撞锥示意图

定义 2-1 CC$=\{l \mid \exists M=l\cap\odot P_O\}$，其中，$l$ 为以 P_U 为顶点的射线，M 为射线 l 与威胁圆$\odot P_O$ 的交点。

当 UAV 感知到周围环境中存在的动静态障碍物时，需要对其威胁性进行判定，确定 UAV 对威胁障碍物的避碰策略。障碍物的威胁性可由示意图 2-1 中相对速度矢量 $\boldsymbol{v}_{uo}$ 与位置矢量 $\overrightarrow{P_UP_O}$ 的夹角 α 和 CC 的半顶角 α_o 之间大小关系进行判定，相应的障碍物威胁性判定结论如下。

结论 2-1 当 $\alpha<\alpha_o$ 时，已知障碍物 O 具有威胁性，UAV 需要对该障碍物 O 进行避碰；当 $\alpha\geqslant\alpha_o$ 时，已知障碍物 O 不具有威胁性，UAV 不需要对障碍物 O 进行避碰。

这样，将已知障碍物的威胁性转化为几何角度大小关系的判断，简化了已知威胁障碍物威胁性的判定[59]。依据示意图 2-1 中的矢量几何关系，可对 α_o 和 α 的大小进行求解，相应的矢量几何关系可表示为

$$\sin\alpha_o = \frac{R}{d_0} \tag{2-3}$$

$$\cos\alpha = \cos\left[\angle(\boldsymbol{v}_{uo}, \overrightarrow{P_U P_O})\right] = \frac{\boldsymbol{v}_{uo}\cdot\overrightarrow{P_U P_O}}{\|\boldsymbol{v}_{uo}\|\ \|\overrightarrow{P_U P_O}\|} \tag{2-4}$$

式中，相对速度矢量 $\boldsymbol{v}_{uo}$ 和位置矢量 $\overrightarrow{P_U P_O}$ 的模 $\|\overrightarrow{P_U P_O}\|$ 可表示为

$$\boldsymbol{v}_{uo} = \boldsymbol{v}_u - \boldsymbol{v}_o = \begin{bmatrix} v_{uox} \\ v_{uoy} \end{bmatrix} \tag{2-5}$$

$$\|\overrightarrow{P_U P_O}\| = \sqrt{(P_O - P_U)\cdot(P_O - P_U)} \tag{2-6}$$

CC 的定义实现了 UAV 对已知障碍物避碰几何模型的建立，该模型可对已知障碍物的威胁性进行判断，且可基于 UAV 与威胁障碍物之间的相对速度矢量 $\boldsymbol{v}_{uo}$ 分析 UAV 对威胁障碍物的避碰策略，将 UAV 与障碍物之间的相对速度矢量 $\boldsymbol{v}_{uo}$ 偏转出 CC 以实现 UAV 对威胁障碍物的避碰。

2.2.2 速度障碍的定义

在 2.2.1 小节中给出了 CC 的几何定义，从 UAV 与障碍物之间的相对速度矢量 $\boldsymbol{v}_{uo}$ 分析了威胁障碍物的避碰策略。但通常情况下，希望从 UAV 的速度矢量 $\boldsymbol{v}_u$ 去判定障碍物的威胁性并分析避碰的策略，以及通过控制 UAV 的速度矢量 $\boldsymbol{v}_u$ 实现对威胁障碍物的避碰。因此，需要对 CC 进行转化，建立基于 UAV 速度矢量 $\boldsymbol{v}_u$ 的速度障碍（Velocity Obstacle, VO）避碰分析模型。CC 与 VO 之间的转化关系如图 2-2 所示，则由 CC 与 VO 之间的转换关系可将 VO 定义如下。

定义 2-2　$\mathrm{VO}=\{(x_{vo}, y_{vo}) \mid (x_{vo}, y_{vo}) = (x_{cc}, y_{cc}) + \boldsymbol{v}_o, (x_{cc}, y_{cc}) \in \mathrm{CC}\}$，即将 CC 内所有点平移速度矢量 $\boldsymbol{v}_o$ 得到的点集合。

由定义 2-2 和图 2-2 可得到 VO 的相关参数为

$$P_{VO} = P_U + \boldsymbol{v}_o \tag{2-7a}$$

$$Q_O = P_O + \boldsymbol{v}_o \tag{2-7b}$$

$$\overrightarrow{P_U P_O} = \overrightarrow{P_{VO} Q_O} \tag{2-7c}$$

式中，P_{VO} 为 VO 的顶点坐标；Q_O 为威胁障碍物 O 平移速度矢量 $\boldsymbol{v}_o$ 对应的位置坐标；$\overrightarrow{P_U P_O}$ 为 VO 的轴向矢量。

通过将 CC 平移已知障碍物的速度矢量 $\boldsymbol{v}_o$，实现了对 CC 的转化并得到了 VO 的避碰模型。在 VO 的避碰模型基础上，可直接通过分析 UAV 速度矢量 $\boldsymbol{v}_u$ 与 VO 之间的关系确定已知障碍物的威胁性，并得出相应的避碰策略。从而，相应的已知障碍物威胁性判定结论如下。

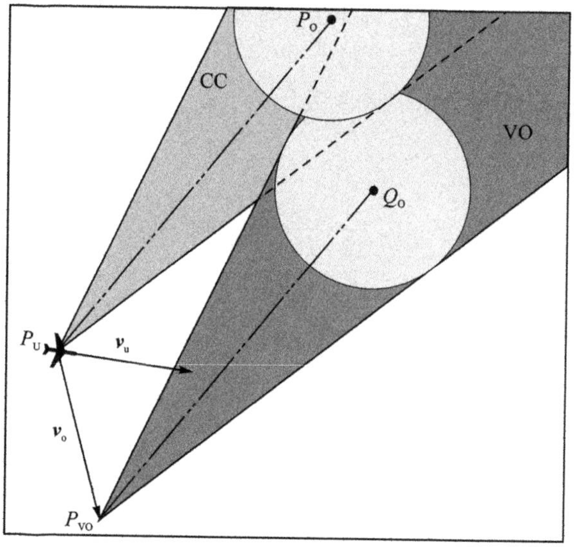

图 2-2　速度障碍示意图

结论 2-2　当 $P_U+\boldsymbol{v}_u\in VO$ 时，已知障碍物 O 具有威胁性，UAV 需要对该障碍物 O 进行避碰；当 $P_U+\boldsymbol{v}_u\notin VO$ 时，已知障碍物 O 不具有威胁性，UAV 不会与该障碍物 O 相碰。

由结论 2-2 可知，当以 UAV 的位置坐标点 P_U 为起始点、UAV 速度矢量的末端点落在 VO 内时，UAV 需要对已知障碍物进行避碰。那么，UAV 可将速度矢量偏转出 VO 以实现对已知威胁障碍物的避碰。VO 的避碰模型的建立，为在 2.3 节提出的速度障碍圆弧法奠定了基础。

2.3　速度障碍圆弧法

现有文献中的避障算法[35-36,44,60]通过将 UAV 速度矢量 $\boldsymbol{v}_u$ 或与威胁障碍物之间的相对速度矢量 $\boldsymbol{v}_{uo}$ 分别偏转出 VO 和 CC，以几何分析法实现对威胁障碍物的避碰，却没有对 UAV 感知到的障碍物影响进行量化，故现有的 UAV 避障算法在分析和解决多动静态威胁障碍物避碰问题时较为复杂，且很难确定 UAV 对多动静态威胁障碍物避碰的最优速度矢量方向。

UAV 同时对两个威胁障碍物进行避碰的示意图如图 2-3 所示。在图 2-3 中，障碍物 O1、O2 对应速度障碍 VO1、VO2 的交集为 $\cap VO$。$\cap VO$ 可表示为

$$\cap VO = VO1 \cap VO2$$

由于两个障碍物都具有威胁性，所以 $P_U+\boldsymbol{v}_u$ 和 VO1、VO2 之间满足关系式：

$$P_U+\boldsymbol{v}_u\in VO1$$
$$P_U+\boldsymbol{v}_u\in VO2$$

且

$$P_U + \boldsymbol{v}_u \in \cap \mathrm{VO}$$

为实现 UAV 对两个威胁障碍物的避碰，需要将 UAV 速度矢量 $\boldsymbol{v}_u$ 偏转出速度障碍 VO1 和 VO2 的并集 $\cup$VO。$\cup$VO 可表示为

$$\cup \mathrm{VO} = \mathrm{VO1} \cup \mathrm{VO2}$$

但对 $\cup$VO 的数学几何表达较为复杂，且很难实现从几何上分析求解 UAV 对两个威胁障碍物的避碰，更无法确定 UAV 对两个威胁障碍物避碰的最优速度矢量方向。

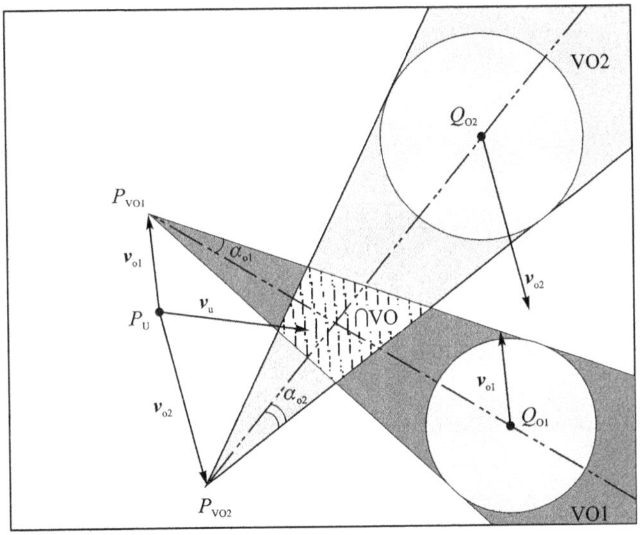

图 2-3　UAV 同时对两个威胁障碍物避碰示意图

从对图 2-3 中的两个威胁障碍物避碰分析来看，现有避障算法在处理两个及两个以上威胁障碍物避碰的问题时较为复杂，且随障碍物数量 N 的增大而变得更加复杂，更难确定 UAV 对多动静态威胁障碍物避碰的最优速度矢量方向。为简化 UAV 对多动静态威胁障碍物的避碰分析及确定避碰的最优速度矢量方向，下面介绍一种速度障碍圆弧避碰分析法（简称速度障碍圆弧法），对已知威胁障碍物的影响进行量化。

为量化威胁障碍物对 UAV 飞行的影响，将 VO 转化为 UAV 速度矢量 $\boldsymbol{v}_u$ 的不可行方向范围，即 UAV 速度圆位于 VO 内的圆弧，圆弧的大小和方向由圆弧参数进行确定[61]。以 UAV 的位置坐标 P_U 为圆心、速度矢量大小 v_u 为半径，作$\odot P_U$ 交 VO 的边界线 l_{VO1} 和 l_{VO2} 于点 A_1 和 A_2，示意图如图 2-4 所示。在图 2-4 中，速度矢量 $\boldsymbol{v}_u$ 的末端点 P_{v_u} 位于 VO 内，且在圆弧 $\overset{\frown}{A_1 P_{v_u} A_2}$ 上；当速度矢量 $\boldsymbol{v}_u$ 的末端点 P_{v_u} 随速度矢量 $\boldsymbol{v}_u$ 偏转到点 A_1 和 A_2 时，此时对应的速度矢量 $\boldsymbol{v}_u$ 刚好偏转出 VO，能够实现对威胁障碍物的避碰，故称点 A_1 和 A_2 为 UAV 避障的临界状态点；点 P_{mid} 为临界状态点 A_1 和 A_2 之间的中间点，且设定 $\|\overrightarrow{P_U P_{mid}}\| = r$。

以矢量 $\overrightarrow{P_{\mathrm{U}}P_{\mathrm{mid}}}$ 的方向角 φ_r 表示圆弧 $\widehat{A_1P_{v_u}A_2}$ 的方向，矢量 $\overrightarrow{P_{\mathrm{U}}P_{\mathrm{mid}}}$ 与 $\overrightarrow{P_{\mathrm{U}}A_1}$ 之间的夹角 β 表示圆弧 $\widehat{A_1P_{v_u}A_2}$ 的大小，则位于 VO 内的圆弧 $\widehat{A_1P_{v_u}A_2}$ 可记作 $G_{\mathrm{arc}}(r,\varphi_r,\beta)$。那么，威胁障碍物 O 对 UAV 飞行的影响可通过位于 VO 内的圆弧 $\widehat{A_1P_{v_u}A_2}$ 进行量化，位于 VO 内的圆弧 $\widehat{A_1P_{v_u}A_2}$ 称为速度障碍圆弧。这种通过位于 VO 内的速度障碍圆弧 $G_{\mathrm{arc}}(r,\varphi_r,\beta)$ 来量化威胁障碍物对 UAV 飞行影响的方法称为速度障碍圆弧法。速度障碍圆弧 $G_{\mathrm{arc}}(r,\varphi_r,\beta)$ 的参数在 2.4 节进行分析求解。

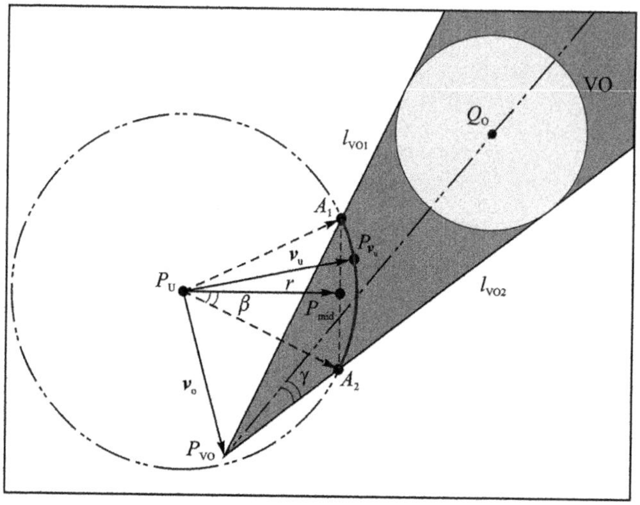

图 2-4 速度障碍圆弧示意图

2.4 速度障碍圆弧的参数求解

为量化 UAV 感知到的已知障碍物影响，在 2.3 节提出了一种速度障碍圆弧法，并通过参数 r、φ_r 和 β 对速度障碍圆弧的大小和方向进行了描述。下面依据平面矢量之间的几何关系对速度障碍圆弧的三个未知参数进行求解，同时考虑到求解速度障碍圆弧参数时存在的不同情况，定义了速度障碍锥的正负性，并讨论了速度障碍锥的左右移情况。

2.4.1 速度障碍圆弧的参数计算

将图 2-4 中已知威胁障碍物 O 的速度障碍圆弧表示在 UAV 速度圆上的示意图如图 2-5 所示，对速度障碍圆弧三个未知参数 r、φ_r 和 β 的求解关键在于求出矢量 $\overrightarrow{P_{\mathrm{U}}P_{\mathrm{mid}}}$，而矢量 $\overrightarrow{P_{\mathrm{U}}P_{\mathrm{mid}}}$ 的求解需要确定 VO 边界线 l_{VO1} 和 l_{VO2} 上的两个避碰临界状态点 A_1 和 A_2。下面通过示意图 2-6 中的速度矢量几何关系，确定两个避碰临界状态点 A_1 和 A_2 所对应的 UAV 两个避碰临界速度矢量 $\hat{v}_{\mathrm{u}}$ 和 $\hat{v}'_{\mathrm{u}}$。

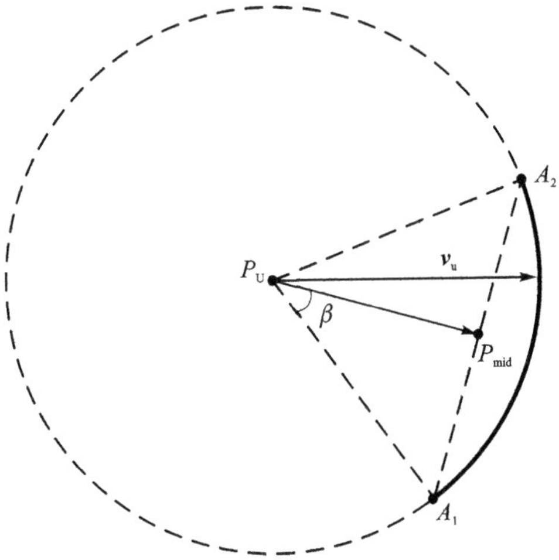

图 2-5　速度障碍圆弧在 UAV 速度圆上的示意图

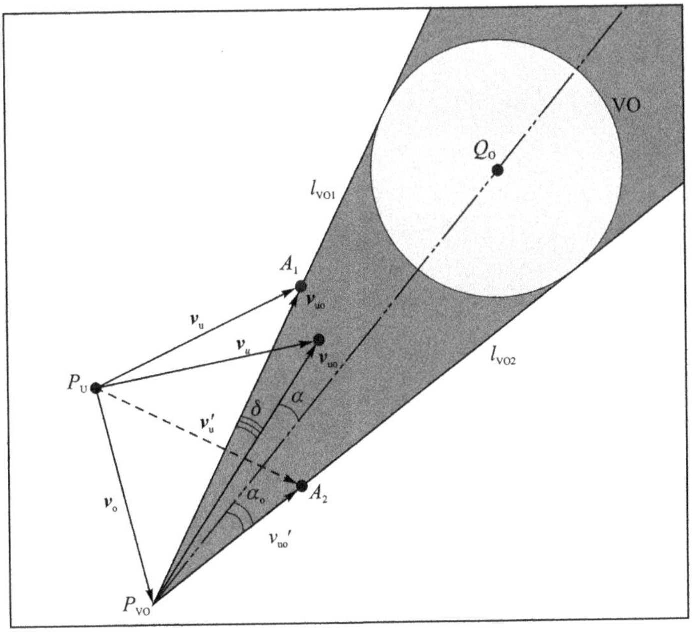

图 2-6　UAV 速度矢量旋转临界状态示意图

在示意图 2-6 中，为实现 UAV 对威胁障碍物 O 的避碰，需要将 UAV 的速度矢量 $\boldsymbol{v}_u$ 偏转至 VO 的区域外。此时，UAV 实现避障所对应的两个临界速度矢量分别为 $\hat{\boldsymbol{v}}_u$ 和 $\hat{\boldsymbol{v}}_u'$，相应的临界速度矢量 $\hat{\boldsymbol{v}}_u$ 和 $\hat{\boldsymbol{v}}_u'$对应于 VO 边界线 l_{VO1} 和 l_{VO2} 上的临界状态点为 A_1 和 A_2。由图 2-6 中的速度矢量几何关系，可得

$$\hat{\boldsymbol{v}}_u = \boldsymbol{v}_o + \hat{\boldsymbol{v}}_{uo} \tag{2-8}$$

$$\hat{\boldsymbol{v}}'_{\mathrm{u}}=\boldsymbol{v}_{\mathrm{o}}+\hat{\boldsymbol{v}}'_{\mathrm{uo}} \tag{2-9}$$

UAV 实现对威胁障碍物 O 避碰的两个临界速度矢量 $\hat{\boldsymbol{v}}_{\mathrm{u}}$ 和 $\hat{\boldsymbol{v}}'_{\mathrm{u}}$所对应的临界相对速度矢量 $\hat{\boldsymbol{v}}_{\mathrm{uo}}$ 和 $\hat{\boldsymbol{v}}'_{\mathrm{uo}}$分别位于 VO 边界线 l_{VO1} 和 l_{VO2} 上，且可表示为

$$\hat{\boldsymbol{v}}_{\mathrm{uo}}=\overrightarrow{P_{\mathrm{VO}}A_1}=\|\overrightarrow{P_{\mathrm{VO}}A_1}\|\boldsymbol{q}_1 \tag{2-10}$$

$$\hat{\boldsymbol{v}}'_{\mathrm{uo}}=\overrightarrow{P_{\mathrm{VO}}A_2}=\|\overrightarrow{P_{\mathrm{VO}}A_2}\|\boldsymbol{q}_2 \tag{2-11}$$

式中，P_{VO} 由式(2-7a)确定，$\boldsymbol{q}_1$ 和 $\boldsymbol{q}_2$ 分别为 VO 边界线 l_{VO1} 和 l_{VO2} 上的单位方向矢量。

单位方向矢量 $\boldsymbol{q}_1$ 和 $\boldsymbol{q}_2$ 可依据图 2-6 中 VO 内的角度几何关系进行求解。下面给出单位方向矢量 $\boldsymbol{q}_1$ 的求解方法，$\boldsymbol{q}_2$ 同理可求。假设 VO 的边界线 l_{VO1} 上存在一点 $Q_1(x_1,y_1)$，且满足

$$\cos\alpha_{\mathrm{o}}=\frac{\overrightarrow{P_{\mathrm{VO}}Q_1}\cdot\overrightarrow{P_{\mathrm{VO}}Q_{\mathrm{O}}}}{\|\overrightarrow{P_{\mathrm{VO}}Q_1}\|\,\|\overrightarrow{P_{\mathrm{VO}}Q_{\mathrm{O}}}\|}=\frac{\overrightarrow{P_{\mathrm{VO}}Q_1}\cdot\overrightarrow{P_{\mathrm{VO}}Q_{\mathrm{O}}}}{\|\overrightarrow{P_{\mathrm{VO}}Q_1}\|\,\|\overrightarrow{P_{\mathrm{U}}P_{\mathrm{O}}}\|} \tag{2-12}$$

$$\cos\delta=\frac{\boldsymbol{v}_{\mathrm{uo}}\cdot\overrightarrow{P_{\mathrm{VO}}Q_1}}{\|\boldsymbol{v}_{\mathrm{uo}}\|\,\|\overrightarrow{P_{\mathrm{VO}}Q_1}\|} \tag{2-13}$$

式中，$\delta=\alpha_{\mathrm{o}}-\alpha$。

由式(2-12)和式(2-13)可确定 VO 边界线 l_{VO1} 上点 Q_1 的坐标，则相应的单位方向矢量 $\boldsymbol{q}_1$ 可表示为

$$\boldsymbol{q}_1=\frac{\overrightarrow{P_{\mathrm{VO}}Q_1}}{\|\overrightarrow{P_{\mathrm{VO}}Q_1}\|} \tag{2-14}$$

式(2-14)确定了 VO 边界线 l_{VO1} 上的单位方向矢量 $\boldsymbol{q}_1$，则 UAV 避障期望相对速度矢量 $\hat{\boldsymbol{v}}_{\mathrm{uo}}$ 对应的方向可由单位方向矢量 $\boldsymbol{q}_1$ 确定，$\hat{\boldsymbol{v}}_{\mathrm{uo}}$ 的大小由图 2-6 中的速度矢量三角形关系进行求解。

由于 UAV 实现对威胁障碍物 O 避碰对应的期望相对速度矢量 $\hat{\boldsymbol{v}}_{\mathrm{uo}}$ 位于 VO 边界线 l_{VO1} 上，所以 UAV 避碰的期望临界相对速度矢量 $\hat{\boldsymbol{v}}_{\mathrm{uo}}$ 与障碍物速度矢量 $\boldsymbol{v}_{\mathrm{o}}$ 之间的夹角$\angle(\hat{\boldsymbol{v}}_{\mathrm{uo}},\boldsymbol{v}_{\mathrm{o}})$，可由单位方向矢量 $\boldsymbol{q}_1$ 与障碍物速度矢量 $\boldsymbol{v}_{\mathrm{o}}$ 之间的夹角$\angle(\boldsymbol{q}_1,\boldsymbol{v}_{\mathrm{o}})$进行确定，即

$$\cos[\angle(\hat{\boldsymbol{v}}_{\mathrm{uo}},\boldsymbol{v}_{\mathrm{o}})]=\cos[\angle(\boldsymbol{q}_1,\boldsymbol{v}_{\mathrm{o}})]=\frac{\boldsymbol{q}_1\cdot\boldsymbol{v}_{\mathrm{o}}}{\|\boldsymbol{v}_{\mathrm{o}}\|} \tag{2-15}$$

依据图 2-6 中的速度矢量$\triangle P_{\mathrm{U}}P_{\mathrm{VO}}A_1$ 关系，可得

$$\cos[\pi-\angle(\hat{\boldsymbol{v}}_{\mathrm{uo}},\boldsymbol{v}_{\mathrm{o}})]=\frac{\|\hat{\boldsymbol{v}}_{\mathrm{uo}}\|^2+\|\boldsymbol{v}_{\mathrm{o}}\|^2-\|\boldsymbol{v}_{\mathrm{u}}\|^2}{2\|\hat{\boldsymbol{v}}_{\mathrm{uo}}\|\,\|\boldsymbol{v}_{\mathrm{o}}\|} \tag{2-16}$$

那么，UAV 避障临界相对速度矢量 $\hat{\boldsymbol{v}}_{\mathrm{uo}}$ 的大小可由式(2-14)～式(2-16)确定。而 VO 边界线 l_{VO2} 上对应的 UAV 避障临界相对速度矢量 $\hat{\boldsymbol{v}}'_{\mathrm{uo}}$可同理求得。这样，位于 VO 边界线 l_{VO1} 和 l_{VO2} 上的 UAV 避障临界相对速度矢量 $\hat{\boldsymbol{v}}_{\mathrm{uo}}$ 和 $\hat{\boldsymbol{v}}'_{\mathrm{uo}}$可以被

求解，再由式(2－8)和式(2－9)可确定UAV 避障的两个临界速度矢量 $\hat{\boldsymbol{v}}_{\mathrm{u}}$ 和 $\hat{\boldsymbol{v}}'_{\mathrm{u}}$。

为了便于求解已知威胁障碍物 O 的速度障碍圆弧参数 $G_{\mathrm{arc}}(r,\varphi_r,\beta)$，将图 2－6 中的速度矢量几何关系表示在如图 2－7 所示的矢量关系图上。其中，P_{mid} 为线段 A_1A_2 的中间点，则根据图 2－7 中的矢量关系图可对矢量 $\overrightarrow{P_{\mathrm{U}}P_{\mathrm{mid}}}$ 进行求解。图 2－7 中的矢量关系可表示为

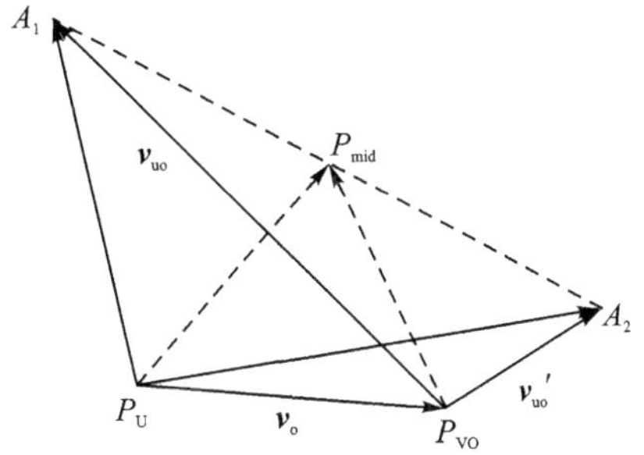

图 2－7　图 2－6 中的速度矢量几何关系示意图

$$\overrightarrow{P_{\mathrm{U}}P_{\mathrm{mid}}}=\overrightarrow{P_{\mathrm{U}}P_{\mathrm{VO}}}+\overrightarrow{P_{\mathrm{VO}}P_{\mathrm{mid}}} \tag{2-17}$$

$$\overrightarrow{P_{\mathrm{VO}}P_{\mathrm{mid}}}=\frac{1}{2}(\overrightarrow{P_{\mathrm{VO}}A_1}+\overrightarrow{P_{\mathrm{VO}}A_2}) \tag{2-18}$$

式中，$\overrightarrow{P_{\mathrm{U}}P_{\mathrm{VO}}}=\boldsymbol{v}_{\mathrm{o}}$，$\overrightarrow{P_{\mathrm{U}}A_1}=\hat{\boldsymbol{v}}_{\mathrm{uo}}$，$\overrightarrow{P_{\mathrm{VO}}A_2}=\hat{\boldsymbol{v}}'_{\mathrm{uo}}$。

由式(2－17)和式(2－18)可确定矢量 $\overrightarrow{P_{\mathrm{U}}P_{\mathrm{mid}}}$ 为

$$\overrightarrow{P_{\mathrm{U}}P_{\mathrm{mid}}}=\boldsymbol{v}_{\mathrm{o}}+\frac{1}{2}(\hat{\boldsymbol{v}}_{\mathrm{uo}}+\hat{\boldsymbol{v}}'_{\mathrm{uo}}) \tag{2-19}$$

式(2－19)确定了已知威胁障碍物 O 的速度障碍圆弧矢量 $\overrightarrow{P_{\mathrm{U}}P_{\mathrm{mid}}}$，则相应的速度障碍圆弧参数 r、φ_r 和 β 可确定为

$$r=\|\overrightarrow{P_{\mathrm{U}}P_{\mathrm{mid}}}\|=\left\|\boldsymbol{v}_{\mathrm{o}}+\frac{1}{2}(\hat{\boldsymbol{v}}_{\mathrm{uo}}+\hat{\boldsymbol{v}}'_{\mathrm{uo}})\right\| \tag{2-20}$$

$$\cos\varphi_r=\frac{x_{\overrightarrow{P_{\mathrm{U}}P_{\mathrm{mid}}}}}{\sqrt{x^2_{\overrightarrow{P_{\mathrm{U}}P_{\mathrm{mid}}}}+y^2_{x_{\overrightarrow{P_{\mathrm{U}}P_{\mathrm{mid}}}}}}} \tag{2-21}$$

$$\cos\beta=\frac{\|\overrightarrow{P_{\mathrm{U}}P_{\mathrm{mid}}}\|}{\|\boldsymbol{v}_{\mathrm{u}}\|} \tag{2-22}$$

2.4.2　速度障碍锥正负性及左右移情况分析

2.4.1 小节针对 UAV 和已知障碍物 O 之间形成的一种速度障碍锥情形进行了障碍圆弧参数求解。但在未知动态环境下，UAV 和已知障碍 O 之间的相对位置和相对速度矢量存在多种情况，为便于求解威胁障碍物的速度障碍圆弧参数，对速度障碍锥的正负性进行定义并分析速度障碍锥左右移的情况。

为实现对速度障碍锥的正负性定义，建立动坐标系 $P_{\mathrm{U}}xy$。首先，以 UAV 的位置坐标点 P_{U} 为坐标系原点、UAV 速度矢量方向为纵轴 $P_{\mathrm{U}}y$、速度矢量 $\boldsymbol{v}_{\mathrm{u}}$ 顺时针旋转 90°方向为横轴 $P_{\mathrm{U}}x$，建立动坐标系 $P_{\mathrm{U}}xy$。在动坐标系 $P_{\mathrm{U}}xy$ 内，速度障碍锥正负性可定义如下。

定义 2－3　在横轴 $P_{\mathrm{U}}x$ 上方的平面称为正平面，位于正平面内的已知障碍物

与 UAV 形成的速度障碍锥称为正锥(Positive Cone);在横轴 $P_{U}x$ 下方的平面称为负平面,位于负平面内的已知障碍物与 UAV 形成的速度障碍锥称为负锥(Negative Cone)。

根据定义 2-3 可对正锥和负锥所对应的 UAV 与已知障碍物之间相对运动情况进行分析。正锥对应的 UAV 和障碍物之间相对运动情况示意图如图 2-8 所示,图(a)对应 UAV 和障碍物之间的交叉运动情况;图(b)对应 UAV 和障碍物之间的背离运动情况。负锥对应的障碍物追踪 UAV 相对运动情况如图 2-9 所示。大多数情况下,UAV 需要对正平面内的威胁障碍物进行避碰,同时也存在已知障碍物从负平面追踪 UAV 的情况,且只有当已知障碍物速度大于 UAV 速度时,已知障碍物才对 UAV 的安全飞行构成威胁。

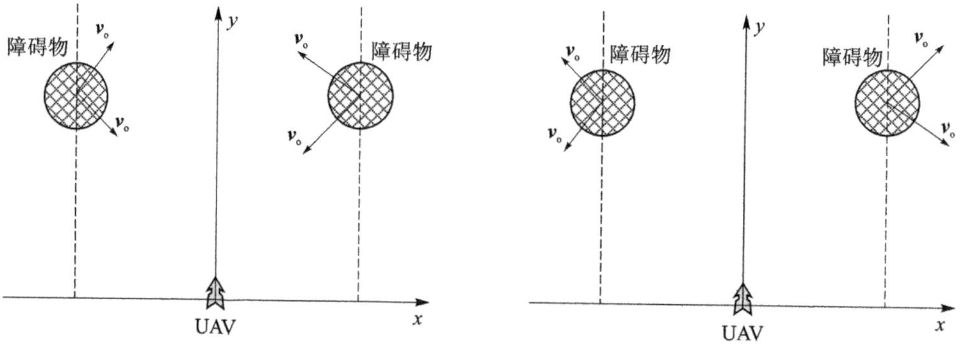

(a) UAV和障碍物交叉运动情况　　(b) UAV和障碍物背离运动情况

图 2-8　正锥对应的相对运动情况示意图

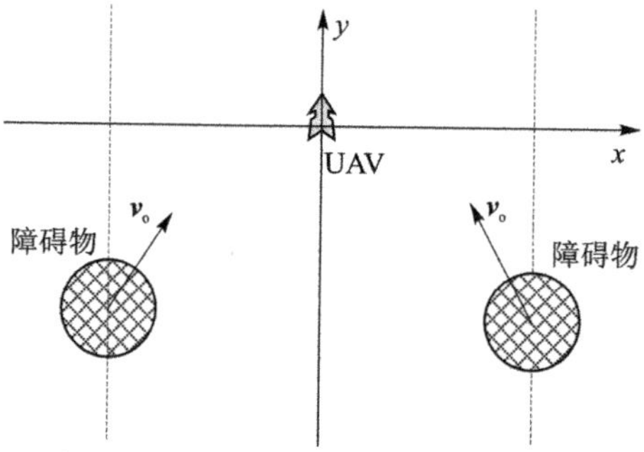

图 2-9　负锥对应障碍物跟踪 UAV 相对运动情况示意图

为准确分析速度障碍锥在动坐标系 $P_{U}xy$ 内左右移的情形,设定 UAV 速度矢量 $\boldsymbol{v}_{u}$ 方向角 φ_{u} 的取值范围为 $[0,\pi]$,已知障碍物速度矢量 $\boldsymbol{v}_{o}$ 方向角 φ_{o} 的取值范围为 $[0,2\pi]$。在示意图 2-8、图 2-9 中,依据已知障碍物速度矢量 $\boldsymbol{v}_{o}$ 方向角 φ_{o} 的取值范围,可得出动坐标系 $P_{U}xy$ 内关于速度障碍锥左右移的结论。

结论 2-3　在动坐标系 $P_{U}xy$ 内,当 $\varphi_{o}\in[0,\pi/2]\cup[3\pi/2,2\pi]$ 时,速度障碍锥

相对 UAV 右移；当 $\varphi_o \in [\pi/2, 3\pi/2]$ 时，速度障碍锥相对 UAV 左移。

速度障碍锥的左移和右移在求解速度障碍圆弧参数过程中可采用类似的分析求解方法。图 2-10、图 2-11 分别描述了正锥右移和左移时 $\boldsymbol{v}_u$ 在障碍锥不同位置的情况。正锥右移和左移的情形(1)、(2)、(3)、(4)分别产生不同的速度障碍圆弧。下面通过临界状态点 A_1 和 A_2 对正锥右移的不同情况进行分析，速度障碍锥的其他平移情况可作类似分析。

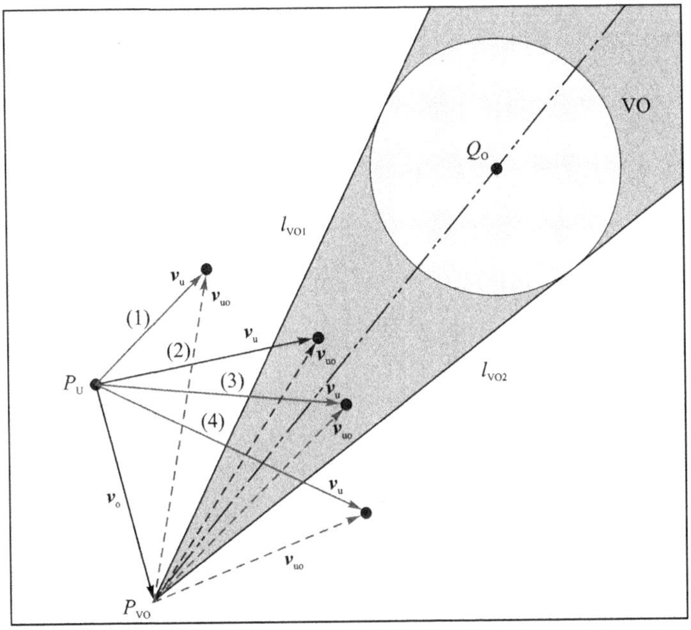

图 2-10　速度障碍锥右移时 $\boldsymbol{v}_u$ 在障碍锥不同位置情况的示意图

正锥右移情形(1)中对应的临界状态点 A_1 和 A_2 有三种分布情况：① 当 $\|\boldsymbol{v}_u\| \leqslant d_{\boldsymbol{v}_u \perp l_{VO1}}$ 时，已知障碍物 O 不产生临界状态点 A_1 和 A_2；② 当 $d_{\boldsymbol{v}_u \perp l_{VO1}} < \|\boldsymbol{v}_u\| \leqslant \|\boldsymbol{v}_o\|$ 时，临界状态点 A_1 和 A_2 都在 VO 边界线 l_{VO1} 上；③ 当 $\|\boldsymbol{v}_u\| > \|\boldsymbol{v}_o\|$ 时，临界状态点 A_1 和 A_2 分别在边界线 l_{VO1}、l_{VO2} 上。其中，$d_{\boldsymbol{v}_u \perp l_{VO1}}$ 为 UAV 位置点 P_U 到 VO 边界线 l_{VO1} 的距离。

正锥右移情形(2)和(3)具有相同的临界状态点 A_1 和 A_2 分布。状态点分布需作两种情况分析：① 当 $\|\boldsymbol{v}_u\| \leqslant \|\boldsymbol{v}_o\|$ 时，临界状态点 A_1 和 A_2 都在 VO 边界线 l_{VO1} 上；② 当 $\|\boldsymbol{v}_u\| > \|\boldsymbol{v}_o\|$ 时，临界状态点 A_1 和 A_2 分别在 VO 边界线 l_{VO1}、l_{VO2} 上。但正锥右移情形(2)和(3)的临界状态点 A_1 和 A_2 求解方程不同。

正锥右移情形(4)中临界状态点 A_1 和 A_2 只有一种分布情况，临界状态点 A_1 和 A_2 分别在 VO 边界线 l_{VO1}、l_{VO2} 上。

正锥和负锥的左移、右移分别对应多种临界状态点 A_1 和 A_2 分布，为了便于求解速度障碍圆弧参数，给出相关的定理如下。

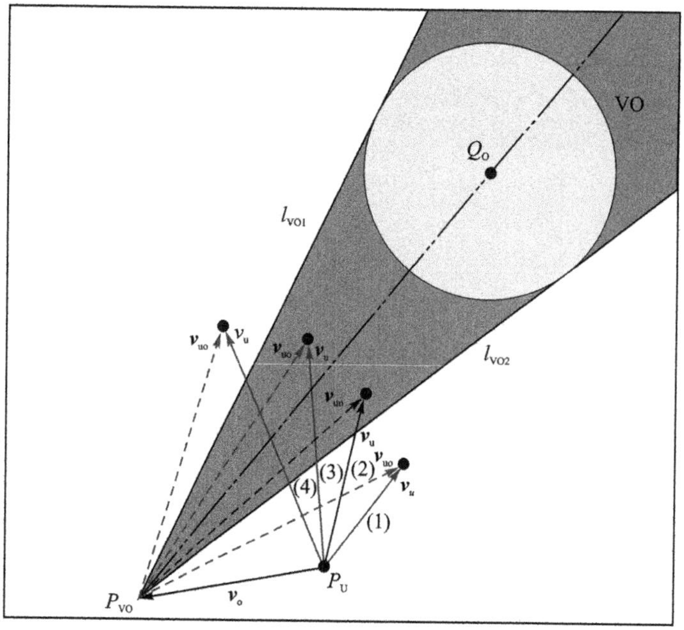

图 2-11　速度障碍锥左移时 v_u 在障碍锥不同位置情况的示意图

定理 2-1　针对已知障碍物 O，对 UAV 避障产生的威胁影响可通过速度障碍圆弧进行表示，且正锥临界状态点 A_1 和 A_2 的分布在 P_{VO} 上方，负锥临界状态点 A_1 和 A_2 的分布在 P_{VO} 下方。

证明：在 2.4.1 小节求解的速度障碍圆弧三个参数 r、φ_r 和 β 分别表达了已知障碍物 O 产生威胁的大小、方向和范围，且威胁大小与 r 负相关，威胁范围与 β 正相关。UAV 的威胁避碰方向可通过速度矢量 v_u 与已知障碍物 O 的速度障碍圆弧相对位置关系确定。因此，速度障碍圆弧可表达已知障碍物 O 对 UAV 避障产生的威胁影响。

另外，正锥对应的已知障碍物 O 在正平面内，负锥对应的已知障碍物 O 在负平面内，正锥和负锥的左移、右移不改变速度障碍顶点 P_{VO} 与临界状态点 A_1、A_2 之间的相对位置关系。所以，正锥对应的临界状态点 A_1 和 A_2 始终分布在 P_{VO} 上方，负锥对应的临界状态点 A_1 和 A_2 始终分布在 P_{VO} 下方。定理证毕。

2.5　基于速度障碍圆弧法的避障算法

2.5.1　单个威胁障碍物的避障

根据求解的速度障碍圆弧参数 φ_r 和 β，可确定威胁障碍物圆弧所对应的圆心角范围为 $[\varphi_r-\beta, \varphi_r+\beta]$。为直观地确定 UAV 最优避障方向，将 UAV 速度矢量 v_u

的方向角 φ_u 及威胁障碍圆弧所对应的圆心角范围 $[\varphi_r-\beta,\varphi_r+\beta]$ 表示在一维坐标系上，示意图如图 2－12 所示。其中，坐标上 $[\varphi_r-\beta,\varphi_r+\beta]$ 区域为障碍圆弧对应于 UAV 避碰的不可行速度矢量方向范围。那么，依据 UAV 速度矢量 $\boldsymbol{v}_u$ 的方向角 φ_u 在 UAV 避碰的不可行速度矢量方向范围中的位置，从图 2－12 可直观地确定 UAV 的最优避障方向。

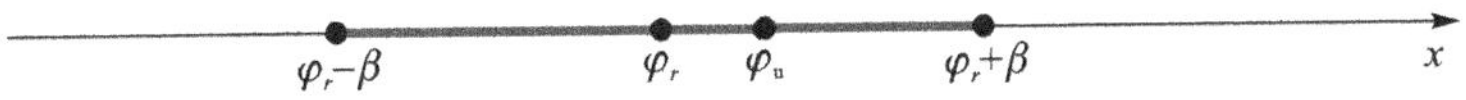

图 2－12　单个威胁障碍物避碰角度的坐标表示示意图

2.5.2　多威胁障碍物的避障

在未知动态环境下，UAV 可能同时探测到多个具有威胁的障碍物。通常情况下，现有避障算法[39,50]在处理 UAV 对多威胁障碍物避碰的过程中，避障算法较为复杂，且很难实现对多威胁障碍物避碰的最优方向求解。而采用速度障碍圆弧法可量化威胁障碍物的影响，同时将威胁障碍物的影响通过速度障碍圆弧参数表述为 UAV 不可行的速度矢量方向范围。这样，基于速度障碍圆弧法解决 UAV 对多威胁障碍物避碰的问题，简化了求解过程且确定了最优避障方向。下面基于速度障碍圆弧法对两个威胁障碍物的避碰情况进行分析，三个及三个以上威胁障碍物避碰的情况可进行类似分析。

依据求解的速度障碍圆弧参数 G_{arc}，可将两个威胁障碍物的速度障碍圆弧表示在 UAV 的速度圆上，相应的示意图如图 2－13 所示。由于感知到的两个障碍物都具有威胁，所以 UAV 速度矢量 $\boldsymbol{v}_u$ 位于两个威胁障碍物的速度障碍圆弧上。即两个威胁障碍物的速度障碍圆弧相交，且 UAV 速度矢量位于速度障碍圆弧的交集上。

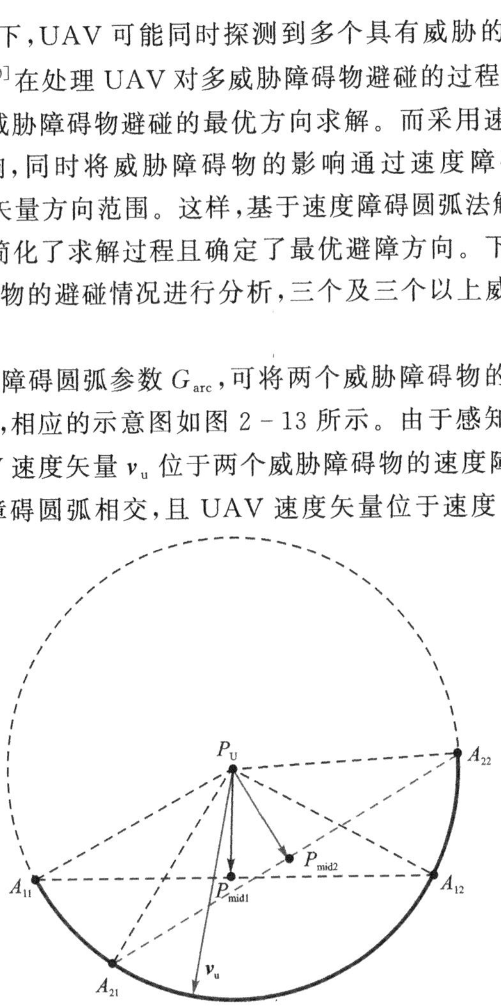

图 2－13　两个威胁障碍物的避碰圆弧示意图

另外，根据 2.4.1 小节的速度障碍圆弧参数计算方法，可确定两个威胁障碍物的速度障碍圆弧参数为 $G_{\text{arc1}}(r_1,\varphi_{r_1},\beta_1)$ 和 $G_{\text{arc2}}(r_2,\varphi_{r_2},\beta_2)$。

由两个威胁障碍物的速度障碍圆弧参数 $G_{\text{arc1}}(r_1,\varphi_{r_1},\beta_1)$ 和 $G_{\text{arc2}}(r_2,\varphi_{r_2},\beta_2)$，可以分别确定速度障碍圆弧对应的避碰不可行速度矢量方向范围，它们是 $[\varphi_{r_1}-\beta_1,\varphi_{r_1}+\beta_1]$ 和 $[\varphi_{r_2}-\beta_2,\varphi_{r_2}+\beta_2]$。那么，两个威胁障碍物对 UAV 避碰所产生的不可行速度矢量方向范围即为二者的并集 $[\varphi_{r_1}-\beta_1,\varphi_{r_1}+\beta_1]\cup[\varphi_{r_2}-\beta_2,\varphi_{r_2}+\beta_2]$。因此，为实现 UAV 对多威胁障碍物的避碰，需要将 UAV 速度矢量 $\boldsymbol{v}_{\text{u}}$ 的方向角 φ_{u} 移出不可行速度矢量方向范围 $[\varphi_{r_1}-\beta_1,\varphi_{r_1}+\beta_1]\cup[\varphi_{r_2}-\beta_2,\varphi_{r_2}+\beta_2]$。为直观地确定 UAV 最优避障方向，我们将 UAV 速度矢量 $\boldsymbol{v}_{\text{u}}$ 的方向角 φ_{u} 及两个威胁障碍圆弧所对应的圆心角范围 $[\varphi_{r_1}-\beta_1,\varphi_{r_1}+\beta_1]$ 和 $[\varphi_{r_2}-\beta_2,\varphi_{r_2}+\beta_2]$ 分别表示在一维坐标系上，示意图如图 2-14 所示。从而，依据 UAV 速度矢量 $\boldsymbol{v}_{\text{u}}$ 的方向角 φ_{u} 在 UAV 避碰的不可行速度矢量方向范围中的位置，从图 2-14 中可直观地确定 UAV 对两个威胁障碍物的最优避碰方向。

图 2-14　两个威胁障碍物避碰角度的坐标表示示意图

2.6　已知障碍物的分级讨论及其避障分析

为解决现有避障算法忽略“潜在”威胁障碍物影响的问题，建立复杂环境下的障碍威胁分级模型（Obstacles Threat Classification Model, OTCM）。依据提出的速度障碍圆弧法，“潜在”威胁障碍物对 UAV 避碰产生的影响也可通过速度障碍圆弧参数 G_{arc} 进行量化。通过 UAV 的速度矢量 $\boldsymbol{v}_{\text{u}}$ 与 ACC 之间的关系，相应的 OTCM 可定义如下。

定义 2-4　当 UAV 的速度矢量 $\boldsymbol{v}_{\text{u}}$ 满足 $P_{\text{U}}+\boldsymbol{v}_{\text{u}}\in \text{ACC}$ 时，已知障碍物 O 称为一级威胁障碍物；当 UAV 的速度矢量 $\boldsymbol{v}_{\text{u}}$ 满足 $P_{\text{U}}+\boldsymbol{v}_{\text{u}}\notin \text{ACC}$，且 $G=\odot P_{\text{u}}\cap \text{ACC}\neq\varnothing$ 时，已知障碍物 O 称为二级威胁障碍物；当 UAV 的速度矢量 $\boldsymbol{v}_{\text{u}}$ 满足 $P_{\text{U}}+\boldsymbol{v}_{\text{u}}\notin \text{ACC}$，且 $G=\odot P_{\text{u}}\cap \text{ACC}=\varnothing$ 时，已知障碍物 O 称为三级威胁障碍物。

UAV 在执行任务的过程中，必须对一级威胁障碍物进行避碰，且需要分析二级威胁障碍物在避碰中产生的影响，可忽略三级威胁障碍物的影响。下面对 UAV 同时感知到多个动静态障碍物的情况进行避碰分析。

1. 一级和二级威胁障碍物的避碰

当 UAV 感知到的多个动静态障碍物中同时存在一级和二级威胁障碍物时，以单个一级和二级威胁障碍物避碰情况进行讨论，其他情况可作类似的分析。图 2-15 给出了一种一级和二级威胁障碍物的避碰圆弧示意图。此时，UAV 需要对一级威胁障碍物进行避碰,同时考虑二级威胁障碍物的影响。由速度障碍圆弧法求解的一级和二级威胁障碍物的圆弧参数,将威胁障碍圆弧对应的不可行速度矢量方向范围表示在一维坐标系上,则可分析确定 UAV 的最优避碰速度矢量方向。此时,UAV 的最优避碰方向不仅考虑了威胁障碍物的影响,也考虑了“潜在”威胁障碍物的影响,提高了 UAV 避碰的可靠性和安全性。

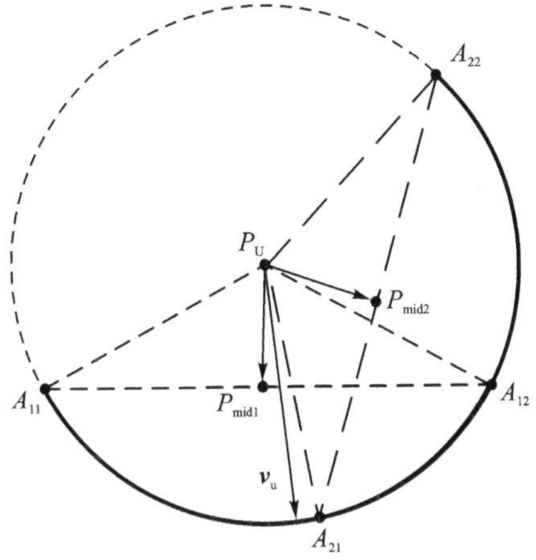

图 2-15　一级和二级威胁障碍物的避碰圆弧

图 2-15 为一级和二级威胁障碍物避碰圆弧相交的情况,其他一级和二级威胁障碍物避碰圆弧的情况如图 2-16 所示,UAV 的避碰分析同图 2-15。

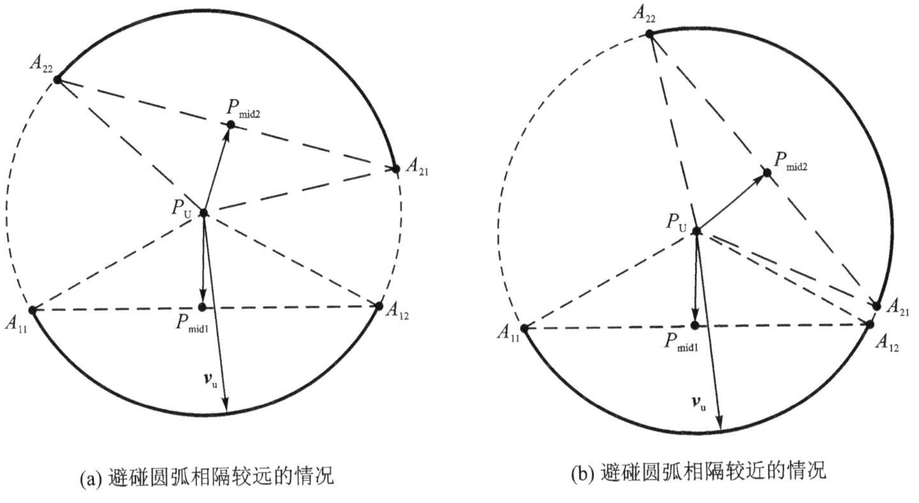

图 2-16　其他一级和二级威胁障碍物的避碰圆弧

2. 其他威胁障碍物的避碰

由于 UAV 对一级威胁障碍物避碰的过程中可以不考虑三级威胁障碍物影响,所以对一级和三级威胁障碍物的避碰可简化为对单个威胁障碍物的避碰;当已知障碍物中没有一级威胁障碍物时，UAV 则不需要对已知障碍物进行避碰。

2.7 基于速度障碍圆弧法的 UAV 自主避障算法应用验证

为验证基于速度障碍圆弧法的 UAV 自主避障算法有效性和可行性，将其应用于二维平面五次 PH 曲线的在线路径重规划并进行仿真验证。由于 PH 曲线路径的整体曲率半径比较小，曲线路径的长度、曲率、弯曲能量能以闭合形式给出。因此，PH 曲线被广泛地应用于 UAV 的在线航迹规划，且所规划的 PH 曲线路径为 C_2 类曲率连续的航迹。另外，UAV 起飞点和目标点处的位置坐标和方向可直接被应用于 PH 曲线路径规划的边界条件，PH 曲线路径长度和曲率易于协调。那么，基于二维五次 PH 曲线规划的航迹易于满足 UAV 的曲率、航程长度等性能约束条件。

由基于速度障碍圆弧法的 UAV 自主避障算法，确定 UAV 对威胁障碍物的避碰方向，并将其应用于在线避障 PH 路径重规划的初始条件。这样，根据 UAV 当前时刻位置点和避障点处的位置坐标和方向，可实现 UAV 避障 PH 路径重规划条件的初始化，从而规划出满足 UAV 性能约束条件的避障路径。

2.7.1 避障曲线路径规划

以二维五次 PH 航迹规划为例，进行避障曲线规划。对 UAV 进行航迹规划时，首先需要对 UAV 的起飞点和目标点处位姿信息 $\mathrm{pose}_s(x_s, y_s, \varphi_s)$、$\mathrm{pose}_f(x_f, y_f, \varphi_f)$ 进行初始化。其中，(x_s, y_s)、(x_f, y_f) 分别为 UAV 的起飞点和目标点处位置坐标，φ_s、φ_f 分别为 UAV 的起飞点和目标点处方向角。那么，UAV 从起飞点到目标点之间的路径规划可表示为

$$\mathrm{pose}_s(x_s, y_s, \varphi_s) \xrightarrow{r(t)} \mathrm{pose}_f(x_f, y_f, \varphi_f)$$

二维五次 PH 曲线路径以参数的形式可表示为 $r(t) = [x(t), y(t)]$。其中，$x(t)$、$y(t)$ 是以 t 为参数的多项式，且参数 t 的取值范围为 $[0,1]$。另外，PH 曲线路径的速端曲线矢量 $\boldsymbol{r}'(t) = [x'(t), y'(t)]$ 需要满足勾股约束条件：

$$\sigma^2(t) = x'^2(t) + y'^2(t) \tag{2-23}$$

通过选择三个多项式 $u(t)$、$v(t)$ 和 $w(t)$（设定 $w(t)=1$）[62]，则相应的速端曲线矢量 $\boldsymbol{r}'(t) = [x'(t), y'(t)]$ 确定为

$$x'(t) = w(t)\,[u^2(t) - v^2(t)] \tag{2-24}$$

$$y'(t) = 2w(t)u(t)v(t) \tag{2-25}$$

此时，确定的 PH 曲线路径速端曲线矢量 $\boldsymbol{r}'(t) = [x'(t), y'(t)]$ 满足勾股约束条件，且相应的 $\sigma(t)$ 可表示为

$$\sigma(t) = w(t)\,[u^2(t) + v^2(t)] \tag{2-26}$$

通过设定两个二次多项式 $u(t)$ 和 $v(t)$ 可得到二维 PH 曲线路径，参考文献[62]给出了两个二次多项式的 Bernstein 形式为

$$u(t)=u_0(1-t)^2+2u_1(1-t)t+u_2t^2 \tag{2-27}$$

$$v(t)=v_0(1-t)^2+2v_1(1-t)t+v_2t^2 \tag{2-28}$$

通过变换、积分可得到 $x(t)$ 和 $y(t)$ 的表达式为

$$x(t)=\sum_{k=0}^{5}x_k\begin{bmatrix}5\\k\end{bmatrix}(1-t)^{5-k}t^k \tag{2-29}$$

$$y(t)=\sum_{k=0}^{5}y_k\begin{bmatrix}5\\k\end{bmatrix}(1-t)^{5-k}t^k \tag{2-30}$$

那么，相应 UAV 的二维五次 PH 曲线路径可表示为

$$r(t)=\begin{bmatrix}x(t)\\y(t)\end{bmatrix}=\sum_{k=0}^{5}P_k\begin{bmatrix}5\\k\end{bmatrix}(1-t)^{5-k}t^k \tag{2-31}$$

式中，$P_k=(x_k,y_k)(k=0,1,2,3,4,5)$ 为二维五次 PH 曲线路径的 6 个路径控制点，6 个路径控制点决定了二维五次 PH 曲线路径的形状。另外，6 个路径控制点之间的相互关系[63]为

$$P_1=P_0+\frac{1}{5}(u_0^2-v_0^2,2u_0v_0) \tag{2-32}$$

$$P_2=P_1+\frac{1}{5}(u_0u_1-v_0v_1,u_0v_1+u_1v_0) \tag{2-33}$$

$$P_3=P_2+\frac{1}{5}(u_1^2-v_1^2,2u_1v_1)+\frac{1}{15}(u_0u_2-v_0v_2,u_0v_2+u_2v_0) \tag{2-34}$$

$$P_4=P_3+\frac{1}{5}(u_1u_2-v_1v_2,u_1v_2+u_2v_1) \tag{2-35}$$

$$P_5=P_4+\frac{1}{5}(u_2^2-v_2^2,2u_2v_2) \tag{2-36}$$

根据 UAV 二维五次 PH 曲线路径规划的初始化条件，可求解二次多项式 u_0、u_1、u_2、v_0、v_1 和 v_2。从而，由式(2-32)～式(2-36)可确定二维五次 PH 曲线路径的 6 个路径控制点。再将得到的 6 个路径控制点代入式(2-31)，便可实现对 UAV 的二维五次 PH 曲线路径规划。

另外，相应的五次 PH 曲线路径的曲率表达式为

$$\kappa(t)=\frac{2\left[u(t)v'(t)-u'(t)v(t)\right]}{\left[u^2(t)+v^2(t)\right]^2} \tag{2-37}$$

为使规划的二维五次 PH 曲线路径能够满足曲率、航迹长度、弯曲能量等 UAV 性能约束条件，参考文献[59]基于分布估计算法研究了 PH 曲线路径参数与 UAV 性能约束条件之间的规律，给出了快速确定满足 UAV 性能约束条件的 PH 曲线路径规划参数方法。将基于速度障碍圆弧法的避碰算法应用于 PH 曲线路径规划，实现 UAV 在复杂动态环境下的在线避障路径重规划。将基于速度障碍圆弧法的避碰

算法得到的避障点及该点处方向作为在线避障 PH 曲线路径重规划的初始化条件，从而实现 UAV 对动静态威胁障碍物的避碰，并规划出满足 UAV 性能约束条件的避障重规划 PH 路径。

2.7.2　避障点处位姿信息求解

当 UAV 同时对多个威胁障碍物避碰时，避障点 Q_{avo} 求解需要确定避碰的主体障碍物。从图 2-13 可以看出，可将 UAV 速度矢量 $\boldsymbol{v}_u$ 最后偏转出的速度障碍圆弧对应的威胁障碍物作为主体障碍，同时也可确定避障点 Q_{avo} 处的避碰方向。为提高 UAV 避障的安全性，将避障点 Q_{avo} 确定在主体障碍速度矢量的相反方向。为确定避障点 Q_{avo} 的位置坐标，需要计算 UAV 的避障时间 t_{avo}。假设 UAV 同时探测到 N 个障碍物，UAV 需要对其中 m 个威胁障碍物进行避碰，则 UAV 的避碰时间 t_{avo} 可确定为

$$t_{avo}=\min(t_1,t_2,\cdots,t_m)\quad (m\leqslant N)$$

且

$$t_i=\frac{d_0-R_i}{\|\boldsymbol{v}_{uo_i}\|\cos\alpha_i}\quad (i=1,\cdots,m)$$

那么，避障点 Q_{avo} 的位置坐标可表示为

$$Q_{avo}=P_{O_j}+\boldsymbol{v}_{o_j}t_{avo}+kR_j\begin{bmatrix}\cos(\pi+\varphi_{o_j})\\ \sin(\pi+\varphi_{o_j})\end{bmatrix}$$

式中，障碍物 O_j 为确定的主体障碍物；φ_{o_j} 为主体障碍物速度矢量 $\boldsymbol{v}_{o_j}$ 的方向角；k 为调整系数。

因此，避障点 Q_{avo} 处的位姿信息可以确定，根据在线 PH 路径重规划方法，UAV 可实现在复杂环境下的在线避障路径重规划。

2.7.3　仿真验证及分析

假设 UAV 从起飞点 P_s(0 m,0 m)到目标点 P_f(500 m,1 000 m)处执行任务，在未知动态环境下 UAV 感知到动静态障碍物，并基于速度障碍圆弧法的自主避障算法对 UAV 在线避障路径重规划进行仿真验证。

1. UAV 对单个威胁障碍物的避碰

(1) 不考虑二级和三级威胁障碍物的影响

UAV 在飞行到 P_U(200 m,400 m)处时感知到障碍物 O。通过携带的传感器装置获取的障碍物信息为：位置坐标 P_O(113.9 m,522.8 m)，速度矢量大小 $v_o=40$ m/s，速度方向角 $\varphi_o=15°$，“膨胀”半径 $R=45$ m；另外，UAV 自身的信息为：速度矢量大小 $v_u=55$ m/s，速度方向角 $\varphi_u=63.4°$。那么，根据式(2-3)和式(2-4)可计算得到：$\alpha=15.1°$，$\alpha_o=17.5°$。由于 $\alpha<\alpha_o$，已知障碍物为一级威胁障碍物，UAV 需

要对该一级威胁障碍物进行避碰。

根据速度障碍圆弧的参数计算方法，可得到已知威胁障碍物的圆弧参数为G_{arc}(50.6 m,84.1 m,23.1 m)。那么，由威胁障碍物的速度障碍圆弧参数可确定避障点处的避障方向角范围为[0°,61°]∪[107.2°,180°]。另外，UAV的避障时间为t_{avo}=3.76 s，避障点坐标为Q_{avo}(207.2 m,547.8 m)。基于PH曲线路径的UAV对单个一级威胁障碍物的在线避碰重规划仿真结果如图2-17所示。

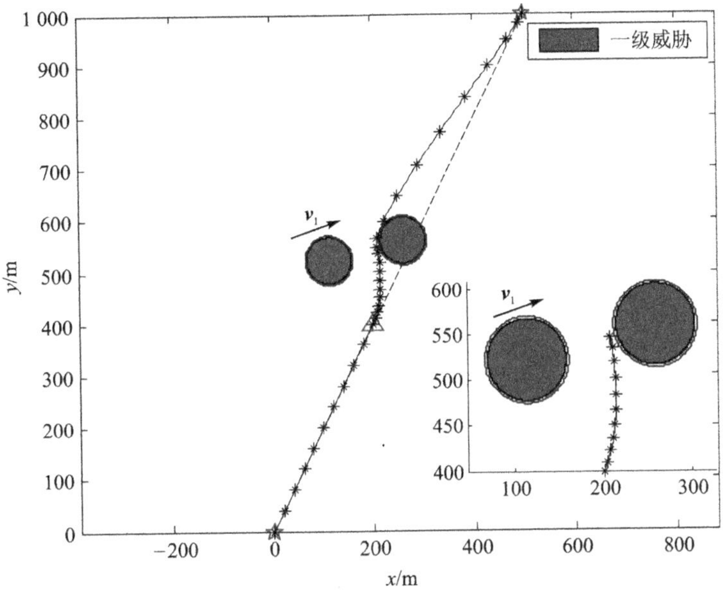

图2-17　UAV对单个一级威胁障碍物避碰的仿真图

(2) 考虑二级和三级威胁障碍物的影响

UAV对单个一级威胁障碍物避碰的过程中，同时也感知到二级和三级威胁障碍物，根据威胁障碍圆弧参数计算方法，可计算出一级和二级威胁障碍的圆弧参数G，如表2-1所列。

表2-1　单个一级威胁障碍物避碰情况下的圆弧参数

圆弧参数	一级威胁	二级威胁	三级威胁
G	(50.6 m,84.1°,23.1°)	(54.7 m,102.6°,6.0°)	无

根据表2-1中的威胁障碍圆弧参数G可确定单个一级威胁障碍物避碰情况下的UAV避障方向角范围，如表2-2所列。

对比表2-2中不同情况下的避障方向角范围，可直观地得出二级威胁障碍物对UAV自主避障的影响，使得可行的避障方向角范围变小。因此，UAV在自主避障过程中需要考虑二级和三级威胁障碍物的影响，相应的避障仿真结果如图2-18所示。

表 2-2　单个一级威胁障碍物避碰情况下的 UAV 避障方向角范围

避碰情况	避障方向角范围/(°)
只考虑一级威胁	[0,61]∪[107.2,180]
考虑二级和三级威胁	[0,61]∪[108.6,180]

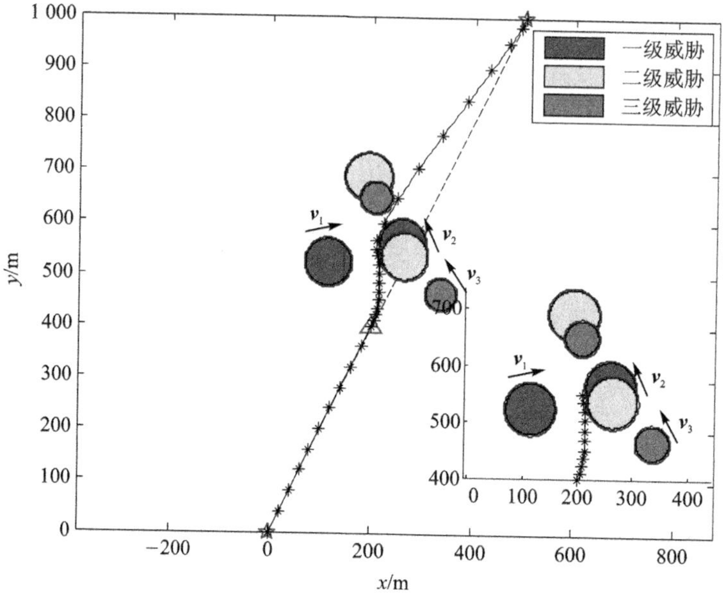

图 2-18　二级和三级威胁障碍物影响下的 UAV 对单个一级威胁障碍物避碰的仿真图

2. UAV 对多个威胁障碍物的避碰

(1) 不考虑二级和三级威胁障碍物的影响

当 UAV 在飞行到 P_U(200 m,400 m)处,同时感知到两个威胁障碍物情况下,通过传感器装置确定障碍物的信息为:位置坐标 P_{O1}(114.0 m,522.9 m)、P_{O2}(322.9 m,486.0 m);速度矢量大小 $v_{o1}=40$ m/s,$v_{o2}=35$ m/s;速度方向角 $\varphi_{o1}=15°$,$\varphi_{o2}=125°$;"膨胀"半径 $R_1=45$ m,$R_2=35$ m。根据式(2-3)和式(2-4)可计算得到:$\alpha_1=15.1°$,$\alpha_{o1}=17.5°$;$\alpha_2=10.3°$,$\alpha_{o2}=13.5°$。由于 $\alpha_1<\alpha_{o1}$,$\alpha_2<\alpha_{o2}$,所以两个已知障碍物都为威胁障碍物,UAV 需要对两个威胁障碍物进行避碰。

依据速度障碍圆弧的参数计算方法,相应的两个已知障碍物的圆弧参数为 G_{arc1}(50.6 m,84.1°,23.1°)和 G_{arc2}(53.4 m,72.2°,13.5°)。那么,由障碍圆弧参数可确定避障点处的避障方向角范围为[0°,59.8°]∪[107.2°,180°]。

在避障点计算的过程中以障碍物 O2 为主体障碍物,但计算的避障点不能满足要求,重规划的路径会侵犯障碍物的安全圆,经过设定调整系数 $k=1.25$,实现了在线避障路径的重规划。此时,避障时间 $t_{avo}=3.10$ s,避障点 Q_{avo}(291.6 m,515.7 m)。

基于 PH 曲线的 UAV 对两个威胁障碍物的在线避碰重规划仿真结果如图 2-19 所示。

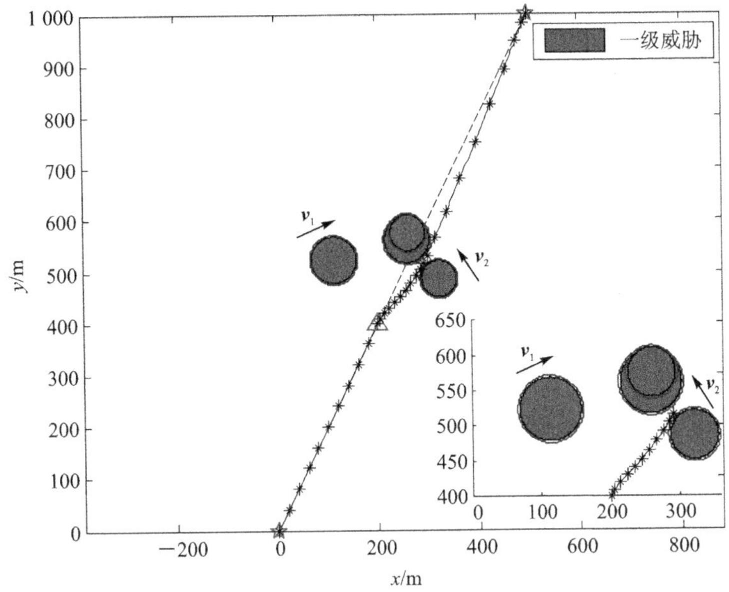

图 2-19　UAV 对多个一级威胁障碍物避碰的仿真图

(2) 考虑二级和三级威胁障碍物的影响

依据速度障碍圆弧参数计算方法，得出的一级和二级威胁障碍圆弧参数 G 如表 2-3 所列。

表 2-3　多个一级威胁障碍物避碰情况下的圆弧参数

圆弧参数	一级威胁 1	一级威胁 2	二级威胁
G	(50.6 m,84.1°,23.1°)	(54.3 m,72.2°,13.5°)	(54.9 m,108.7°,4.0°)

由表 2-3 中威胁障碍物的圆弧参数可确定考虑二级和三级威胁障碍物影响前后的 UAV 避障方向角范围，如表 2-4 所列。

表 2-4　多个一级威胁障碍物避碰情况下的 UAV 避障方向角范围

避碰情况	避障方向角范围/(°)
只考虑一级威胁	[0,59.8]∪[107.2,180]
考虑二级和三级威胁	[0,59.8]∪[112.7,180]

同样，对比表 2-4 中不同情况下的 UAV 避障方向角范围可得：考虑二级和三级威胁障碍物影响后，使得 UAV 避障方向范围变小，则相应的考虑二级和三级威胁障碍物影响下的避障仿真结果如图 2-20 所示。

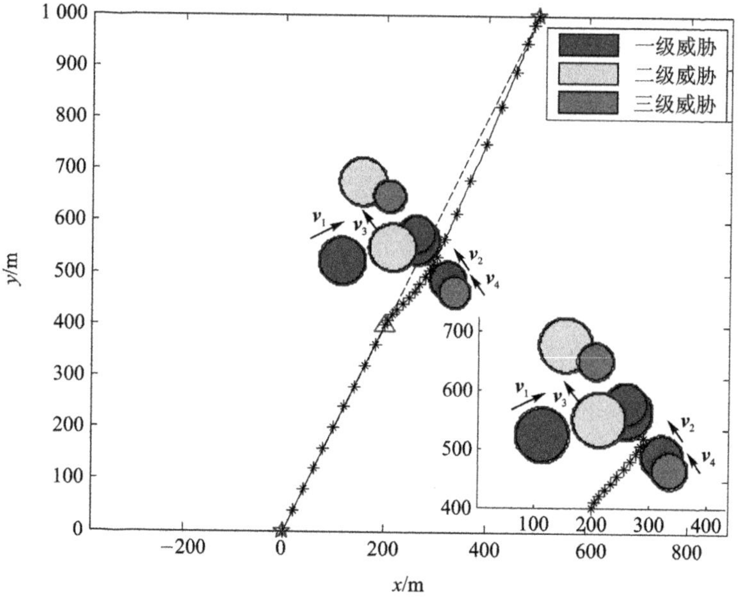

图 2－20　二级和三级威胁障碍物影响下的 UAV 对多个一级威胁障碍物避碰的仿真图

第 3 章　一种动态不确定环境下二维 UAV 自主避障算法

3.1 概　述

随着科学技术的快速发展，UAV 无论是在军事上还是在民用上的应用都越来越广泛。与此同时，UAV 在执行任务过程中的安全性问题也成为人们关注的焦点，特别是 UAV 在复杂动态环境下执行艰巨任务。为提高 UAV 执行任务的可靠性和降低执行任务的代价，为 UAV 配备性能良好的自主避障（Autonomous Collision Avoidance, ACA）系统成为 UAV 技术研究的重要方向之一，而自主避障算法是 ACA 系统的核心部分。

在第 2 章中研究了一种基于速度障碍圆弧法的二维 UAV 自主避障算法，量化了 UAV 感知到的已知障碍物影响。针对现有的 UAV 自主避障算法中，很少考虑来自未知动态环境中的不确定性以及 UAV 自身携带传感器的测量误差。为提高 ACA 系统的安全性和可靠性，在第 2 章提出的速度障碍圆弧法的基础上，建立了动态不确定速度障碍模型，并通过不确定速度障碍圆弧参数对威胁障碍物的影响进行量化，设计了相应的动态不确定环境下的 UAV 自主避障算法。另外，由于考虑了动态不确定性，可能导致 UAV 的避障重规划路径侵犯威胁障碍物安全圆，为此提出了一种基于 PH 螺线的避障重规划路径修正方法。

3.2 动态不确定速度障碍模型的建立

3.2.1 动态不确定性表示

随着 UAV 执行任务的环境日益复杂，对 UAV 执行任务的要求日益提高，需要 UAV 具有更强的环境适应性，以及提升 UAV 执行任务的安全性，从而确保 UAV 能够在复杂动态环境下顺利执行任务。因此，考虑到 UAV 感知到的未知动静态障碍物可能存在一定的机动性能以及自身携带的传感器装置有一定测量误差，为提高 UAV 在未知动态环境中执行任务的安全性，需要将障碍物的机动性能和传感器的测量误差考虑到 UAV 的避障模型内。故在速度障碍模型的基础上，建立动态不确定速度障碍模型（Dynamic Velocity Obstacle Model, DVOM）[64]。

为建立动态不确定速度障碍模型，需要对复杂动态环境中的不确定性进行表示。

而对动态不确定性的表示将直接影响动态不确定速度障碍模型的复杂程度。为此，将未知动态环境中的不确定性进行转化，将障碍物的机动性和UAV携带传感器的测量误差通过障碍物速度矢量 $\boldsymbol{v}_{o\_detect}$ 方向角 φ_{o_detect} 动态变化范围进行表示，并将最大不确定性表示为 $\pm\Delta\varphi_o$，其中逆时针为正，顺时针为负，示意图如图3-1所示。那么，考虑动态不确定性后的障碍物速度矢量 $\boldsymbol{v}_o^*$ 方向角 φ_o^* 取值可表示为

$$\varphi_o^* \in [\varphi_{o\_detect} - \Delta\varphi_o, \varphi_{o\_detect} + \Delta\varphi_o]$$

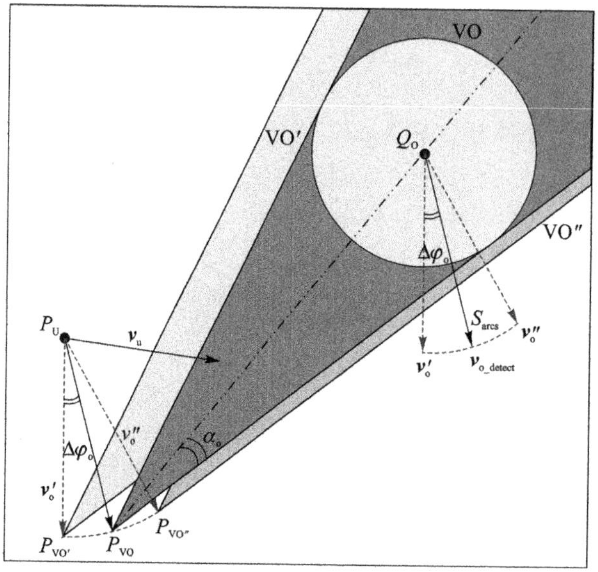

图3-1 动态不确定性表示示意图

为便于描述未知动态环境中的不确定性，记障碍物速度矢量 $\boldsymbol{v}_o^*$ 方向角 φ_o^* 动态变化范围的边界值 $\varphi_{o\_detect} - \Delta\varphi_o$、$\varphi_{o\_detect} + \Delta\varphi_o$ 对应的速度矢量为 $\boldsymbol{v}_o'$ 和 $\boldsymbol{v}_o''$，即两个最大不确定性对应的障碍物速度矢量为 $\boldsymbol{v}_o'$ 和 $\boldsymbol{v}_o''$，且动态不确定边界障碍物速度矢量 $\boldsymbol{v}_o'$ 和 $\boldsymbol{v}_o''$ 的大小满足

$$\| \boldsymbol{v}_o' \| = \| \boldsymbol{v}_o'' \| = v_{o\_detect}$$

此时，两个动态不确定边界障碍物速度矢量 $\boldsymbol{v}_o'$ 和 $\boldsymbol{v}_o''$ 对应产生的速度障碍分别为VO′、VO″。根据速度障碍的定义可知：速度障碍由碰撞锥平移转化得到，即碰撞锥沿障碍物速度矢量 $\boldsymbol{v}_{o\_detect}$ 方向平移 v_{o_detect} 得到，故速度障碍VO′、VO″的边界与VO的边界之间相互平行。另外，速度障碍VO′、VO″的顶点可分别记为 $P_{VO'}$、$P_{VO''}$，且矢量 $\overrightarrow{P_U P_{VO'}}$、$\overrightarrow{P_U P_{VO''}}$ 与 $\overrightarrow{P_U P_{VO}}$ 之间的夹角可分别记作 $\angle(\overrightarrow{P_U P_{VO'}}, \overrightarrow{P_U P_{VO}})$、$\angle(\overrightarrow{P_U P_{VO}}, \overrightarrow{P_U P_{VO''}})$ 或 $\angle(\overrightarrow{P_U P_{VO}}, \overrightarrow{P_U P_{VO'}})$、$\angle(\overrightarrow{P_U P_{VO''}}, \overrightarrow{P_U P_{VO}})$，并满足

$$\angle(\overrightarrow{P_U P_{VO'}}, \overrightarrow{P_U P_{VO}}) = \angle(\overrightarrow{P_U P_{VO}}, \overrightarrow{P_U P_{VO''}}) = \Delta\varphi_o$$

由于障碍物速度矢量大小 v_{o_detect} 不变，所以考虑动态不确定性后的障碍物速度矢量 $\boldsymbol{v}_o^*$ 在半径为 v_{o_detect} 的速度圆弧 S_{arcs} 上。此时，考虑动态不确定性后的速度障

碍为速度圆弧 S_{arcs} 上 $\boldsymbol{v}_{\mathrm{o}}^{*}$ 对应的速度障碍集合。记考虑动态不确定性后的速度障碍为 $\bigcup \mathrm{VO}$，则 $\bigcup \mathrm{VO}$ 可表示为

$$\bigcup \mathrm{VO} = \mathrm{VO}' \cup \cdots \cup \mathrm{VO} \cup \cdots \cup \mathrm{VO}''$$

$\bigcup \mathrm{VO}$ 为所有位于速度圆弧 S_{arcs} 上的障碍物速度矢量 $\boldsymbol{v}_{\mathrm{o}}^{*}$ 对应的速度障碍集合，如图 3－2 所示。$\bigcup \mathrm{VO}$ 的边界 $\widehat{P_{\mathrm{VO'}}P_{\mathrm{VO}}P_{\mathrm{VO''}}}$ 为所有速度障碍顶点的集合，即边界 $\widehat{P_{\mathrm{VO'}}P_{\mathrm{VO}}P_{\mathrm{VO''}}}$ 可表示为

$$\widehat{P_{\mathrm{VO'}}P_{\mathrm{VO}}P_{\mathrm{VO''}}} = \{P \mid P = P_{\mathrm{U}} + \boldsymbol{v}_{\mathrm{o}}^{*}, Q_{\mathrm{O}} + \boldsymbol{v}_{\mathrm{o}}^{*} \in S_{\mathrm{arcs}}\}$$

依据 $\bigcup \mathrm{VO}$ 的边界 $\widehat{P_{\mathrm{VO'}}P_{\mathrm{VO}}P_{\mathrm{VO''}}}$ 表达式，表明边界 $\widehat{P_{\mathrm{VO'}}P_{\mathrm{VO}}P_{\mathrm{VO''}}}$ 由障碍物的不确定圆弧转化得到，则可定义 $\widehat{P_{\mathrm{VO'}}P_{\mathrm{VO}}P_{\mathrm{VO''}}}$ 为 $\bigcup \mathrm{VO}$ 的动态不确定性边界。另外，动态不确定性边界 $\widehat{P_{\mathrm{VO'}}P_{\mathrm{VO}}P_{\mathrm{VO''}}}$ 上的每一点对应于速度圆弧 S_{arcs} 上相应的 VO^{*} 顶点，且动态不确定性边界 $\widehat{P_{\mathrm{VO'}}P_{\mathrm{VO}}P_{\mathrm{VO''}}}$ 与速度圆弧 S_{arcs} 之间具有相同的圆心角、曲率半径和开口方向。那么，$\bigcup \mathrm{VO}$ 的边界则由 $\widehat{P_{\mathrm{VO'}}P_{\mathrm{VO}}P_{\mathrm{VO''}}}$ 和速度障碍 VO'、VO'' 的两条边界构成，则考虑未知动态环境中不确定性后的速度障碍 $\bigcup \mathrm{VO}$ 即可确定，为建立动态不确定速度障碍模型奠定了基础。

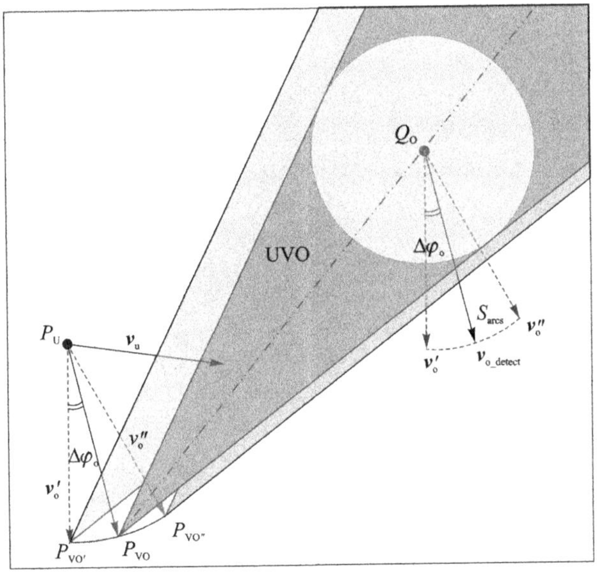

图 3－2　考虑动态不确定性后的速度障碍示意图

3.2.2　动态不确定速度障碍模型的建立

在 3.2.1 小节将动态不确定性表示为障碍物的速度圆弧 S_{arcs}，并确定了考虑动态不确定性后的速度障碍 $\bigcup \mathrm{VO}$ 形状。另外，速度圆弧 S_{arcs} 上所有障碍物速度矢量

$\boldsymbol{v}_o^*$ 对应的速度障碍顶点集合也为圆弧，且曲率半径等于速度圆弧 S_{arcs} 的半径 v_{o_detect}。从图 3-2 中可以看出，考虑动态不确定性后的速度障碍∪VO 几何形状属于不规则图形，UAV 很难建立∪VO 的避碰模型。为此，对∪VO 进行相应的几何处理，使得经几何处理后的∪VO 可实现在不考虑动态不确定性下的速度障碍 VO 基础上建立避碰模型。

对∪VO 进行几何处理的过程中，需要满足经几何处理后的速度障碍 VO^+ 覆盖∪VO 的前提条件。因此，以速度障碍 VO 的顶点 P_{VO} 为圆心，线段 $P_{VO}P_{VO'}$ 为半径，作$\odot P_{VO}$，如图 3-3 所示。此时，动态不确定性边界 $\overset{\frown}{P_{VO'}P_{VO}P_{VO''}}$ 与$\odot P_{VO}$ 之间满足如下关系式：

$$\overset{\frown}{P_{VO'}P_{VO}P_{VO''}} \subset \odot P_{VO}$$

从而，满足了圆域$\odot P_{VO}$ 覆盖动态不确定性边界 $\overset{\frown}{P_{VO'}P_{VO}P_{VO''}}$ 的约束条件。为简化对考虑动态不确定性速度障碍∪VO 模型的建立，充分利用初始速度障碍 VO 的已知条件，分别作初始速度障碍 VO 两条边界线 l_{VO1}、l_{VO2} 的平行线 l_{VO^+1}、l_{VO^+2}，并使得平行线 l_{VO^+1}、l_{VO^+2} 与$\odot P_{VO}$ 相切。另外，l_{VO^+1} 和 l_{VO^+2} 相交于点 P_{VO^+}，且点 P_{VO^+} 为经几何处理后的考虑动态不确定性速度障碍 VO^+ 顶点。显然，点 P_{VO^+}

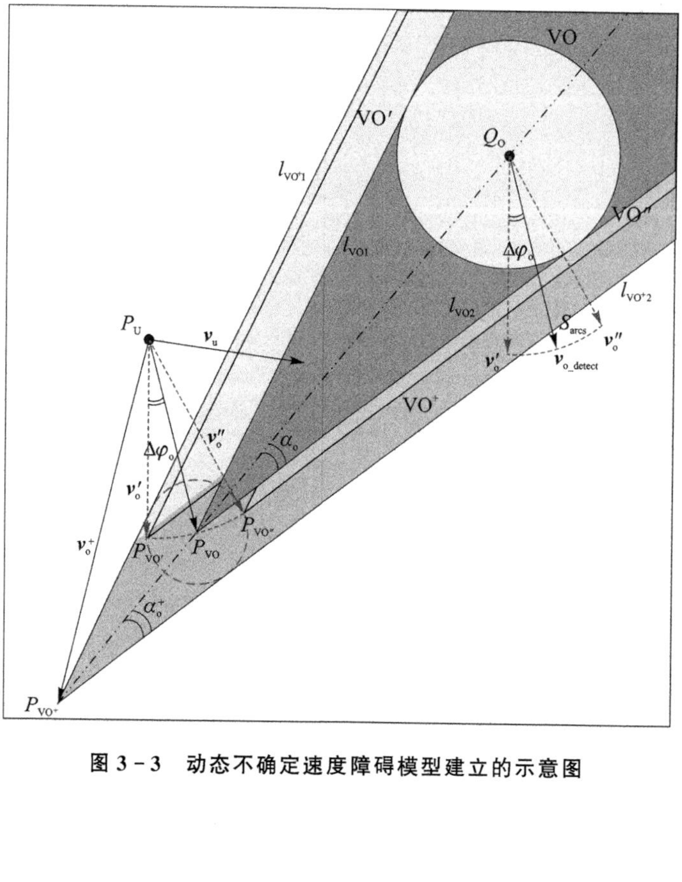

图 3-3　动态不确定速度障碍模型建立的示意图

与初始速度障碍 VO 的对称轴 $P_{VO}Q_O$ 之间满足如下关系式：

$$P_{VO^+} \in P_{VO}Q_O$$

那么，对 $\cup$VO 进行几何扩展后得到的动态不确定速度障碍 VO^+ 具有与初始速度障碍 VO 类似的几何形状。此时，动态不确定速度障碍 VO^+ 的顶点为 P_{VO^+}，两条边界线为 l_{VO^+1}、l_{VO^+2}，且动态不确定速度障碍 VO^+ 与初始速度障碍 VO 之间具有如下结论。

结论 3-1　经几何处理得到的动态不确定速度障碍 VO^+ 与初始速度障碍 VO 共轴线、顶角相等，且 $\cup VO \subset VO^+$。另外，对 $\cup$VO 进行几何扩展得到的 VO^+ 是考虑动态不确定性情况下和初始速度障碍共轴线的最小速度障碍。

证明：由几何作图可得，VO^+ 与 VO 共轴线、顶角相等；另外，不确定性圆弧 $\overparen{P_{VO'}P_{VO}P_{VO''}}$ 位于 $\odot P_{VO}$ 内，且 VO^+ 的两条边界线 l_{VO^+1}、l_{VO^+2} 分别平行于 l_{VO1}、l_{VO2}，那么 $\cup VO \subset VO^+$。假设当速度障碍的顶点位于线段 $P_{VO}P_{VO^+}$ 之间时，产生的速度障碍顶角比 VO^+ 的顶角大，则顶点位于线段 $P_{VO}P_{VO^+}$ 之间的速度障碍不可能为最小速度障碍；当速度障碍的顶点位于射线 $P_{VO}P_{VO^+}$ 上且在点 P_{VO^+} 的下方时，此时产生的速度障碍顶角小于 VO^+ 的顶角，但速度障碍的边界线会与 $\cup$VO 的边界线相交，不满足安全性要求。所以经过几何处理确定的 VO^+ 是考虑动态不确定性情况下与初始速度障碍共轴线的最小速度障碍，证毕。

对 $\cup$VO 进行几何扩展确定的 VO^+ 具有与初始速度障碍 VO 相类似的形状，即可通过初始速度障碍 VO 的参数确定动态不确定速度障碍 VO^+ 的参数。由于动态不确定性边界 $\overparen{P_{VO'}P_{VO}P_{VO''}}$ 与速度圆弧 S_{arcs} 具有相同的曲率半径和圆心角，故 $\odot P_{VO}$ 的半径 $P_{VO}P_{VO'}$ 可确定为

$$P_{VO}P_{VO'} = v_{o\_detect}\sqrt{2(1-\cos\Delta\varphi_o)} \tag{3-1}$$

根据结论 3-1 可确定考虑动态不确定性速度障碍 VO^+ 的半顶角 α_{VO^+} 和两条边界线 l_{VO^+1}、l_{VO^+2} 的斜率为

$$\alpha_{VO^+} = \alpha_{VO} = \alpha_o \tag{3-2}$$

$$k_{l_{VO^+1}} = k_{l_{VO1}} \tag{3-3}$$

$$k_{l_{VO^+2}} = k_{l_{VO2}} \tag{3-4}$$

依据式(3-1)和式(3-2)确定的 $\odot P_{VO}$ 的半径 $P_{VO}P_{VO'}$、VO^+ 的半顶角 α_{VO^+} 可对 $P_{VO^+}P_{VO}$ 的长度进行求解，即

$$P_{VO^+}P_{VO} = \frac{P_{VO}P_{VO'}}{\sin\alpha_{VO^+}} = \frac{v_{o\_detect}\sqrt{2(1-\cos\Delta\varphi_o)}}{\sin\alpha_o} \tag{3-5}$$

另外，初始速度障碍 VO 的轴线上单位矢量和动态不确定相对位置距离 d_{VO^+} 分别可表示为

$$\boldsymbol{n}_{\overrightarrow{P_{VO}Q_O}} = \frac{\overrightarrow{P_{VO}Q_O}}{\| \overrightarrow{P_{VO}Q_O} \|} = \frac{Q_O - P_{VO}}{d_0} \tag{3-6}$$

$$d_{VO^+} = P_{VO^+} P_{VO} + d_0 \tag{3-7}$$

则矢量 $\overrightarrow{P_{VO^+} P_{VO}}$ 可表示为

$$\overrightarrow{P_{VO^+} P_{VO}} = P_{VO^+} P_{VO} \cdot \boldsymbol{n}_{\overrightarrow{P_{VO}Q_O}} \tag{3-8}$$

那么,动态不确定性速度障碍 VO^+ 的顶点 P_{VO^+} 可确定为

$$P_{VO^+} = P_{VO} - \overrightarrow{P_{VO^+} P_{VO}} = P_{VO} - \frac{P_{VO}P_{VO'}(Q_O - P_{VO})}{d_0 \sin \alpha_{VO^+}} \tag{3-9}$$

此时,在考虑未知动态环境中不确定性的情况下,已知障碍物的动态不确定速度矢量 $\boldsymbol{v}_o^+$ 可表示为

$$\boldsymbol{v}_o^+ = \boldsymbol{v}_o - \overrightarrow{P_{VO^+} P_{VO}} \tag{3-10}$$

则相应的 UAV 与障碍物之间的相对速度矢量 $\boldsymbol{v}_{uo}^+$ 为

$$\boldsymbol{v}_{uo}^+ = \boldsymbol{v}_u - \boldsymbol{v}_o^+ \tag{3-11}$$

从而,依据式(3－7)、式(3－8)和式(3－11),相对速度矢量 $\boldsymbol{v}_{uo}^+$ 与动态不确定速度障碍 VO^+ 轴线矢量 $\overrightarrow{P_{VO^+} Q_O}$ 之间的夹角 α^+ 可确定为

$$\begin{aligned}\alpha^+ &= \arccos \frac{\boldsymbol{v}_{uo}^+ \cdot \overrightarrow{P_{VO^+} Q_O}}{\| \boldsymbol{v}_{uo}^+ \| \, \| \overrightarrow{P_{VO^+} Q_O} \|} \\ &= \arccos \frac{(\boldsymbol{v}_u - \boldsymbol{v}_o^+) \cdot (\overrightarrow{P_{VO^+} P_{VO}} + \overrightarrow{P_{VO}Q_O})}{\| \boldsymbol{v}_{uo}^+ \| (P_{VO^+} P_{VO} + d_0)}\end{aligned} \tag{3-12}$$

相应已知障碍物的动态不确定半径 R^+ 可确定为

$$R^+ = R + P_{VO}P_{VO'} \tag{3-13}$$

动态不确定速度障碍 VO^+ 的所有参数能够由式(3－1)～式(3－13)进行求解,则考虑动态不确定速度障碍模型可以被建立;且动态不确定速度障碍模型的建立为 UAV 在动态不确定环境下实现自主避障奠定了基础。

3.3 动态不确定环境下的 UAV 自主避障算法

3.3.1 基于 DVOM 的动态不确定速度障碍圆弧法

以 UAV 的位置坐标点 P_U 为圆心、UAV 的速度矢量大小 v_u 为半径,作速度圆 $\odot P_U$,速度圆 $\odot P_U$ 与动态不确定速度障碍 VO^+ 相交,示意图如图 3－4 所示。这种通过位于动态不确定速度障碍 VO^+ 内的障碍圆弧大小 G_{arc}^+ 来量化威胁障碍物影响的方法称为动态不确定速度障碍圆弧法(Dynamic Velocity Obstacle Arc Method, DVOAM)。

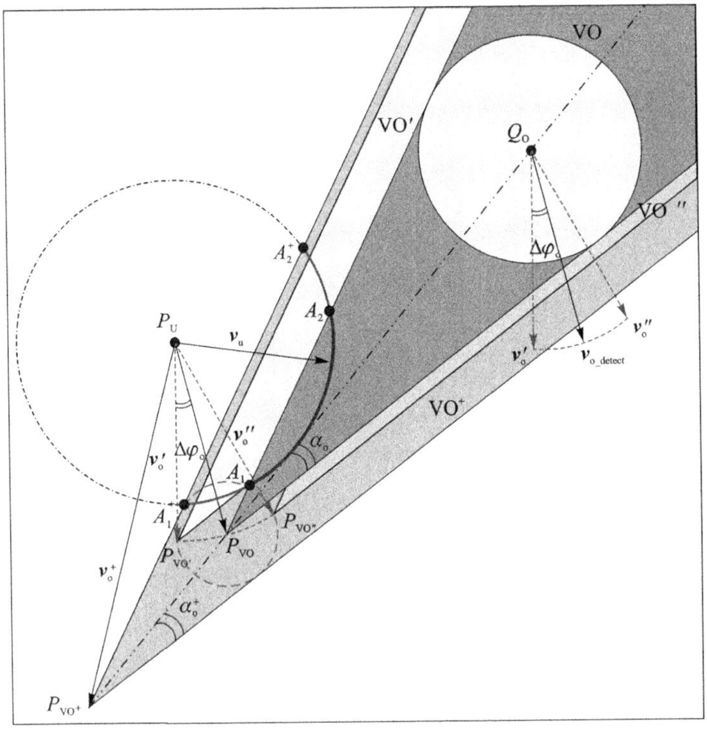

图 3-4　动态不确定速度障碍圆弧示意图

在图 3-4 中，速度圆⊙P_U 与动态不确定速度障碍VO^+的临界边界线 l_{VO^+1} 相交于点 A_1^+ 和 A_2^+，对应于点 A_1^+ 和 A_2^+ 为考虑动态不确定性情况下 UAV 避障的两个临界状态点，即 UAV 的期望速度矢量 $\hat{\boldsymbol{v}}_u$ 满足

$$\hat{\boldsymbol{v}}_u = \overrightarrow{P_U A_1^+} = \overrightarrow{P_U A_2^+} \tag{3-14}$$

为准确表达位于动态不确定速度障碍VO^+内障碍圆弧大小 G_{arc}^+，采用三个性能参数 r^+、φ_{r^+} 和 β^+ 对其进行描述，即动态不确定速度障碍圆弧 $G_{arc}^+(r^+, \varphi_{r^+}, \beta^+)$。其中，$r^+ = \| \overrightarrow{P_U P_{mid}^+} \|$，$P_{mid}^+ = (A_1^+ + A_2^+)/2$，$\varphi_{r^+}$ 为矢量 $\overrightarrow{P_U P_{mid}^+}$ 的方向，β^+ 为动态不确定速度障碍圆弧对应的圆心角一半。下面对动态不确定速度障碍圆弧三个参数进行求解。

$$\cos\left(\pi - \langle \boldsymbol{v}_o^+, \overrightarrow{P_{VO^+} A_1^+} \rangle\right) = \frac{(v_o^+)^2 + \| \overrightarrow{P_{VO^+} A_1^+} \|^2 - v_u^2}{2 v_o^+ \| \overrightarrow{P_{VO^+} A_1^+} \|} \tag{3-15}$$

$$\begin{aligned} \cos \langle \boldsymbol{v}_o^+, \overrightarrow{P_{VO^+} A_1^+} \rangle &= \cos(\varphi_{\overrightarrow{P_{VO^+} Q_o}} + \alpha_o^+) \\ &= \cos \varphi_{\overrightarrow{P_{VO^+} Q_o}} \cos \alpha_o^+ - \sin \varphi_{\overrightarrow{P_{VO^+} Q_o}} \sin \alpha_o^+ \end{aligned} \tag{3-16}$$

$$\cos \varphi_{\overrightarrow{P_{\mathrm{VO}^+}Q_{\mathrm{O}}}} = \frac{x_{Q_{\mathrm{O}}} - x_{P_{\mathrm{VO}^+}}}{d_{\mathrm{VO}^+}} \tag{3-17a}$$

$$\sin \varphi_{\overrightarrow{P_{\mathrm{VO}^+}Q_{\mathrm{O}}}} = \frac{y_{Q_{\mathrm{O}}} - y_{P_{\mathrm{VO}^+}}}{d_{\mathrm{VO}^+}} \tag{3-17b}$$

根据式(3－15)～式(3－17)的几何关系，可确定考虑动态不确定性情况下 UAV 避障临界点 A_1^+ 的坐标；同理，临界点 A_2^+ 的坐标也可以确定。那么，线段 $A_1^+A_2^+$ 的中点 P_{mid}^+ 坐标也可以确定。因此，位于动态不确定速度障碍VO$^+$内障碍圆弧大小 G_{arc}^+ 的三个参数可确定为

$$r^+ = \| \overrightarrow{P_{\mathrm{U}}P_{\mathrm{mid}}^+} \|, \quad P_{\mathrm{mid}}^+ = (A_1^+ + A_2^+)/2 \tag{3-18}$$

$$\varphi_{r^+} = \arccos \frac{x_{P_{\mathrm{mid}}^+} - x_{P_{\mathrm{U}}}}{r^+} \tag{3-19}$$

$$\beta^+ = \arcsin \frac{\| \overrightarrow{A_1^+A_2^+} \|}{2v_{\mathrm{u}}} \tag{3-20}$$

3.3.2 动态不确定速度障碍圆弧临界状态情况分析

因为障碍物速度矢量的动态不确定情况不同，如速度矢量可能比原来大，也可能比原来小，这就会导致速度障碍圆弧的边界就会不同，临界状态就会不同。示意图如图 3－5 所示。

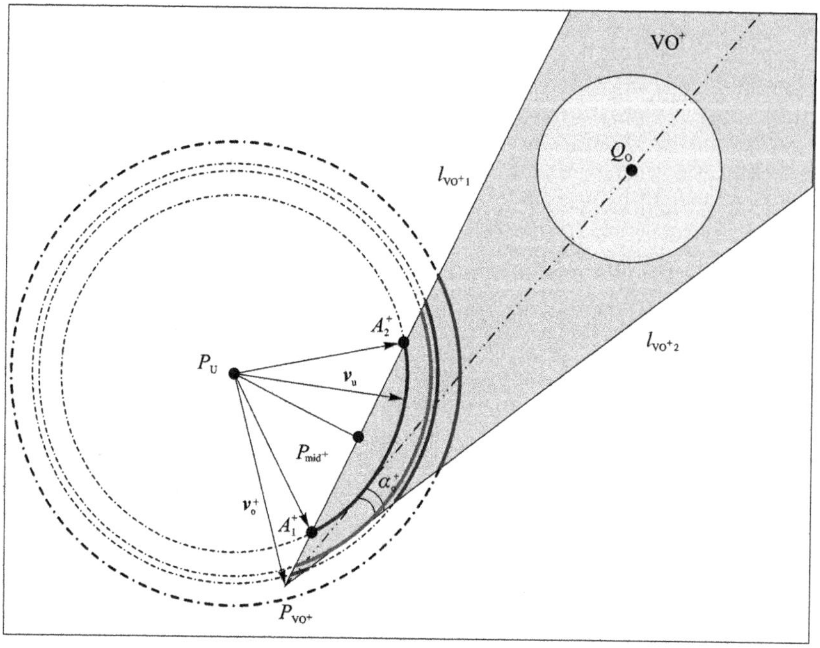

图 3－5　不同动态不确定速度障碍圆弧临界状态情况示意图

下面讨论不同动态不确定速度障碍圆弧临界状态的情况，首先定义两个距离 $T_{l_{\mathrm{VO}^+_1}}$ 和 $T_{l_{\mathrm{VO}^+_2}}$，$T_{l_{\mathrm{VO}^+_1}}$ 和 $T_{l_{\mathrm{VO}^+_2}}$ 分别为 UAV 位置坐标点 P_{U} 到动态不确定速度障碍VO^+的两条临界边界线 $l_{\mathrm{VO}^+_1}$ 和 $l_{\mathrm{VO}^+_2}$ 的垂线距离；再根据 UAV 速度矢量 $\boldsymbol{v}_{\mathrm{u}}$ 的大小 v_{u} 与两个距离 $T_{l_{\mathrm{VO}^+_1}}$ 和 $T_{l_{\mathrm{VO}^+_2}}$ 之间的关系，确定动态不确定速度障碍圆弧临界状态情况。

① 当 $v_{\mathrm{u}} \leqslant T_{l_{\mathrm{VO}^+_1}}$ 时，不产生动态不确定速度障碍圆弧；

② 当 $T_{l_{\mathrm{VO}^+_1}} < v_{\mathrm{u}} \leqslant T_{l_{\mathrm{VO}^+_2}}$ 时，产生一段动态不确定速度障碍圆弧，且对应的两个临界状态点都在边界线 $l_{\mathrm{VO}^+_1}$ 上；

③ 当 $T_{l_{\mathrm{VO}^+_2}} < v_{\mathrm{u}} < v_{\mathrm{o}}^+$ 时，产生两段动态不确定速度障碍圆弧和四个临界状态点，且临界边界线 $l_{\mathrm{VO}^+_1}$ 和 $l_{\mathrm{VO}^+_2}$ 上各有两个临界状态点；

④ 当 $v_{\mathrm{u}} \geqslant v_{\mathrm{o}}^+$ 时，产生一段动态不确定速度障碍圆弧，且对应的两个临界状态点分别在临界边界线 $l_{\mathrm{VO}^+_1}$ 和 $l_{\mathrm{VO}^+_2}$ 上。

为求解垂线距离 $T_{l_{\mathrm{VO}^+_1}}$ 和 $T_{l_{\mathrm{VO}^+_2}}$，给出动态不确定速度障碍 VO^+ 的临界边界线 $l_{\mathrm{VO}^+_1}$ 和 $l_{\mathrm{VO}^+_2}$ 的表达式：

$$y = k_{l_{\mathrm{VO}^+_1}} x + b_1 \tag{3-21a}$$

$$y = k_{l_{\mathrm{VO}^+_2}} x + b_2 \tag{3-21b}$$

其中，

$$k_{l_{\mathrm{VO}^+_1}} = \frac{k_{P_{\mathrm{VO}^+}Q_{\mathrm{O}}} + \tan \alpha_{\mathrm{o}}^+}{1 - k_{P_{\mathrm{VO}^+}Q_{\mathrm{O}}} \tan \alpha_{\mathrm{o}}^+} \tag{3-22a}$$

$$k_{l_{\mathrm{VO}^+_2}} = \frac{k_{P_{\mathrm{VO}^+}Q_{\mathrm{O}}} - \tan \alpha_{\mathrm{o}}^+}{1 + k_{P_{\mathrm{VO}^+}Q_{\mathrm{O}}} \tan \alpha_{\mathrm{o}}^+} \tag{3-22b}$$

$$b_1 = y_{P_{\mathrm{VO}^+}} - k_{l_{\mathrm{VO}^+_1}} x_{P_{\mathrm{VO}^+}} \tag{3-22c}$$

$$b_2 = y_{P_{\mathrm{VO}^+}} - k_{l_{\mathrm{VO}^+_2}} x_{P_{\mathrm{VO}^+}} \tag{3-22d}$$

那么，垂线距离 $T_{l_{\mathrm{VO}^+_1}}$ 和 $T_{l_{\mathrm{VO}^+_2}}$ 可表示为

$$T_{l_{\mathrm{VO}^+_1}} = \frac{\left| k_{l_{\mathrm{VO}^+_1}} x_{\mathrm{u}} - y_{\mathrm{u}} + b_1 \right|}{\sqrt{k_{l_{\mathrm{VO}^+_1}}^2 + 1}} \tag{3-23a}$$

$$T_{l_{\mathrm{VO}^+_2}} = \frac{\left| k_{l_{\mathrm{VO}^+_2}} x_{\mathrm{u}} - y_{\mathrm{u}} + b_2 \right|}{\sqrt{k_{l_{\mathrm{VO}^+_2}}^2 + 1}} \tag{3-23b}$$

对于复杂情况下动态不确定速度障碍 VO^+ 边界上临界点的求解较为复杂问题，可根据临界点的求解方程组，并依据 UAV 动态不确定避障临界点与 VO^+ 顶点 P_{VO^+} 之间的相对位置关系确定临界点的坐标。为便于确定动态不确定避障临界点

与VO^+顶点 P_{VO^+} 之间的相对位置关系，给出 VO^+ 的正负性定义。

定义 3-1　当障碍物的位置相对位于 UAV 上方时，形成的动态不确定障碍锥为正锥；当障碍物的位置相对位于 UAV 下方时，形成的动态不确定障碍锥为负锥。

动态不确定避障临界点的求解方程组可表示为

$$y = k_{l_{VO^+_1}} x + b_1 \tag{3-24a}$$

$$y = k_{l_{VO^+_2}} x + b_2 \tag{3-24b}$$

$$v_u^2 = (x - x_u)^2 + (y - y_u)^2 \tag{3-24c}$$

将式(3-24a)、式(3-24b)分别和式(3-24c)组合进行求解，可能存在四组可行的解，然后根据结论 3-2 可确定临界点坐标。

结论 3-2　当动态不确定障碍锥为正锥时，取 VO^+ 顶点 P_{VO^+} 上方的临界点；当动态不确定障碍锥为负锥时，取 VO^+ 顶点 P_{VO^+} 下方的临界点。

3.3.3　动态不确定环境下的 UAV 自主避障算法

根据建立的动态不确定速度障碍模型，采用基于 DVOM 的动态不确定速度障碍圆弧法实现 UAV 在考虑动态不确定性情况下对动静态威胁障碍物的避碰。下面通过基于 DVOM 的动态不确定速度障碍圆弧法对单个威胁障碍物避碰和多威胁障碍物避碰方向的求解进行分析。

1. 单个威胁障碍物避碰

单个威胁速度障碍圆弧示意图如图 3-6 所示，该动态不确定速度障碍圆弧大小为 $G^+_{arc}(r^+, \varphi_{r^+}, \beta^+)$，则对应的圆心角范围为 $p = [\varphi_{r^+} - \beta^+, \varphi_{r^+} + \beta^+]$，且 UAV 的速度矢量 $\boldsymbol{v}_u$ 方向角 φ_u 位于 p 内。因此，将 UAV 的速度矢量 $\boldsymbol{v}_u$ 方向角 φ_u 偏转出 p，即可实现 UAV 在考虑动态不确定性情况下对威胁障碍物的避碰。

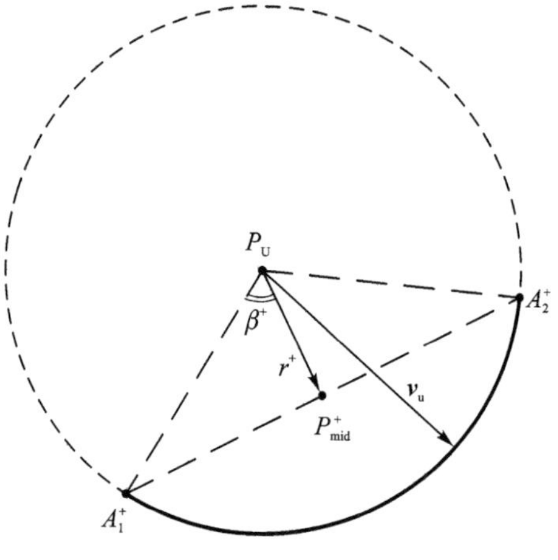

图 3-6　考虑动态不确定性情况下单个威胁速度障碍圆弧的示意图

将考虑动态不确定性情况下单个威胁速度障碍圆弧对应的圆心角范围 p 表示在一维坐标系上，示意图如图3－7所示。其中，坐标系上 $p=[\varphi_{r^+}-\beta^+,\varphi_{r^+}+\beta^+]$ 的线段为不确定障碍圆弧对应于UAV避碰的不可行速度矢量方向范围。那么，依据UAV速度矢量 $\boldsymbol{v}_u$ 的方向角 φ_u 在UAV避碰的不可行速度矢量方向角范围中的位置，从图3－7中可直观地确定UAV在考虑动态不确定性情况下对单个威胁障碍物的最优避碰方向。

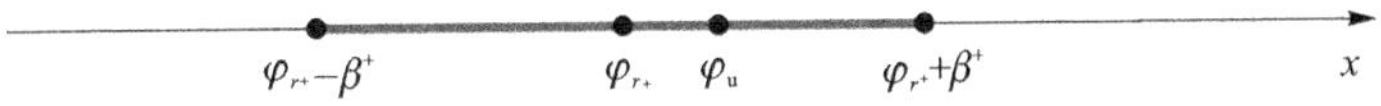

图3－7 考虑动态不确定性情况下单个速度障碍圆弧的坐标表示

2. 多威胁障碍物避碰

在考虑动态不确定性情况下，当UAV同时需要对多个威胁障碍物避碰时，以两个威胁障碍物的避碰分析为例，三个及三个以上威胁障碍物的避碰可类似进行分析。图3－8给出了两个威胁速度障碍圆弧示意图，相应的两个动态不确定速度障碍圆弧大小分别为 $G^+_{arc1}(r^+_1,\varphi_{r^+_1},\beta^+_1)$、$G^+_{arc2}(r^+_2,\varphi_{r^+_2},\beta^+_2)$。

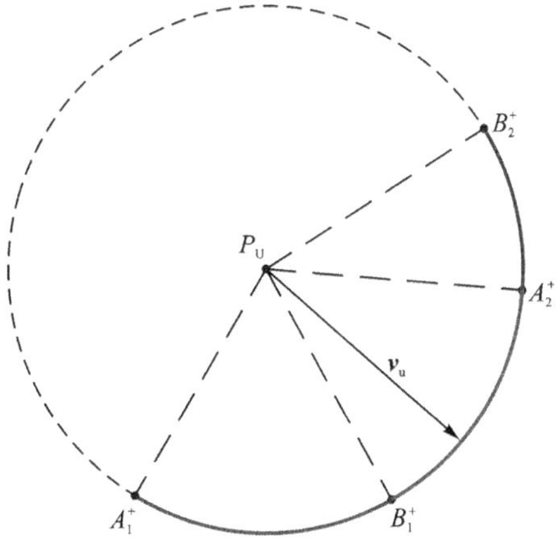

图3－8 考虑动态不确定性情况下两个威胁速度障碍圆弧的示意图

威胁障碍物O1对应的动态不确定速度障碍圆弧为 $\overset{\frown}{A^+_1B^+_1A^+_2}$，威胁障碍物O2对应的动态不确定速度障碍圆弧为 $\overset{\frown}{B^+_1A^+_2B^+_2}$，圆弧 $\overset{\frown}{B^+_1A^+_2}$ 区域为圆弧 $\overset{\frown}{A^+_1B^+_1A^+_2}$ 与圆弧 $\overset{\frown}{B^+_1A^+_2B^+_2}$ 的交集，且UAV速度矢量 $\boldsymbol{v}_u$ 的方向角 φ_u 满足如下关系式：

$$\varphi_u\in p_1\cap p_2,\quad p_1=[\varphi_{r^+_1}-\beta^+_1,\varphi_{r^+_1}+\beta^+_1],\quad p_2=[\varphi_{r^+_2}-\beta^+_2,\varphi_{r^+_2}+\beta^+_2]$$

而两个威胁动态不确定障碍圆弧 $\overset{\frown}{A^+_1B^+_1A^+_2}$、$\overset{\frown}{B^+_1A^+_2B^+_2}$ 对应的圆心角范围 p 可表示为

$$p=p_1\cup p_2$$

那么，当UAV的速度矢量 $\boldsymbol{v}_u$ 方向角 φ_u 偏转出 p 时，即可实现UAV在考虑动

态不确定性情况下对两个威胁障碍物的避碰。

将考虑动态不确定性情况下两个威胁速度障碍圆弧所对应的圆心角范围 p_1、p_2 分别表示在一维坐标系上，示意图如图 3-9 所示。那么，依据 UAV 速度矢量 $\boldsymbol{v}_u$ 的方向角 φ_u 在 UAV 避碰的不可行速度矢量方向范围中的位置，从图 3-9 中可以直观地确定 UAV 在考虑动态不确定性情况下对两个威胁障碍物的最优避碰方向。

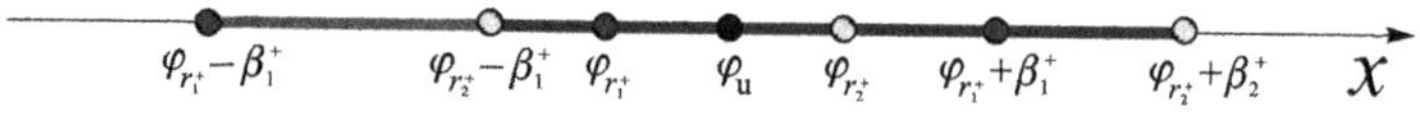

图 3-9　考虑动态不确定性情况下两个速度障碍圆弧的坐标表示

3.4　基于 PH 螺线的避障重规划路径修正方法

在考虑复杂环境中动态不确定性对 UAV 避障影响的过程中，可能导致 UAV 的避障重规划路径侵犯威胁障碍物安全圆。针对该问题，本节提出一种基于 PH 螺线修正避障重规划路径的方法。基于 PH 螺线规划的修正路径具有良好的性能，且能够考虑 UAV 的相关性能约束。关于避障重规划路径侵犯威胁障碍物安全圆问题的研究文献较少，很多威胁障碍物避障算法忽略了该问题，从而降低了避障重规划路径的安全性。

3.4.1　五次 PH 螺线的构造

在 2.6.1 小节中五次 PH 曲线路径规划的基础上，需要对二次多项式 $u(t)$ 和 $v(t)$ 中的系数进行定义，使得构造的五次 PH 曲线路径的曲率满足螺线路径曲率要求，从而实现五次 PH 螺线路径的规划。

设定：

$$u_2=\frac{1}{2}\sqrt{7R\sin\varphi_f} \tag{3-25}$$

$$u_1=u_0=\frac{7u_2}{4(1+\cos\varphi_f)} \tag{3-26}$$

$$v_0=v_1=0 \tag{3-27}$$

$$v_2=u_2\sqrt{\frac{1-\cos\varphi_f}{1+\cos\varphi_f}} \tag{3-28}$$

因此，对起始点 $P_0(P_s)$、终止点 $P_5(P_f)$、终止点 P_5 处的切向量和曲率半径 R 进行初始化，可以确定在设定条件下的五次 PH 路径，且关于该五次 PH 路径的曲率 $\kappa(t)$ 有以下结论。

结论 3-3　在设定条件下，五次 PH 路径 $r(t)$ 的曲率 $\kappa(t)$ 具有下列性质：

$$\kappa(0)=0,\quad \kappa(1)=1/R,\quad \kappa'(1)=0,\quad \kappa'(t)>0\quad (0\leqslant t<1)$$

称具有上述性质的五次 PH 曲线路径为螺线路径。

证明:将式(3－26)、式(3－27)分别代入式(2－25)和式(2－26),可得

$$u(t)=u_0+(u_2-u_0)t^2 \tag{3-29}$$

$$v(t)=v_2t^2 \tag{3-30}$$

根据式(3－29)和式(3－30),二次多项式 $u(t)$ 和 $v(t)$ 的导数可确定为

$$u'(t)=2(u_2-u_0)t \tag{3-31}$$

$$v'(t)=2v_2t \tag{3-32}$$

将式(3－31)、式(3－32)代入曲率表达式(2－37),得

$$\kappa(t)=\frac{4u_0v_2t}{[u_0^2+2u_0(u_2-u_0)t^2+(u_2-u_0)^2t^4+v_2^2t^4]^2} \tag{3-33}$$

令 $t=0,t=1$,可以求解出 $\kappa(0)$ 和 $\kappa(1)$,且符合结论 3－3 中曲率 $\kappa(t)$ 满足的性质。另外,对式(3－33)求导可确定路径曲率导数 $\kappa'(t)$ 为

$$\kappa'(t)=\frac{7\ 168(1+\cos\varphi_f)^2}{R[49+(56\cos\varphi_f-42)t^2+(25-24\cos\varphi_f)t^4]^3}g(\lambda) \tag{3-34}$$

式中,$g(\lambda)=7-6(4\cos\varphi_f-3)\lambda-(25-24\cos\varphi_f)\lambda^2,\lambda=t^2$。

另外,$g(\lambda)$ 中 λ^2 的系数为负,$g(0)>0$,$g(1)=0$,则有 $g(\lambda)>0(0\leqslant\lambda<1)$。因此,结论 3－3 中路径曲率的性质 $\kappa'(1)=0,\kappa'(t)>0(0\leqslant t<1)$ 得证,证毕。

3.4.2　重规划路径侵犯安全圆问题及解决方案

1. 安全圆侵犯问题

在复杂环境下执行飞行任务的 UAV,当自身携带的传感器装置感知到来自未知动态环境中的动静态障碍物时,可利用相应的避障算法重规划当前的航迹,实现对威胁障碍物的避碰。通常,避障路径重规划需要在 UAV 的当前时刻位置坐标 P_t、避障点 Q_{avo} 和目标点 P_5 之间分别生成可飞行的安全路径。但在规划避障点 Q_{avo} 和目标点 P_5 之间的路径时,由于存在目标点位于威胁障碍物盲区内的情况,所以可能存在着重规划路径侵犯威胁障碍物安全圆的问题。避障点和目标点之间的避障重规划路径侵犯威胁障碍物安全圆的示意图如图 3－10 所示。

2. 安全圆侵犯问题的解决方案

(1) 二维平面圆心跟踪算法

二维平面圆心跟踪算法解决威胁障碍物安全圆侵犯问题,圆心跟踪算法示意图如图 3－11 所示。

采用迭代的方法确定盲区内安全圆上的虚拟目标点 Q'_{avo}。但圆心跟踪算法在解决 UAV 避障重规划路径侵犯主体障碍物安全圆问题时存在耗时、求解复杂等问题,且虚拟目标点 Q'_{avo} 在安全圆上的位置很难确定。

(2) 安全系数法

在避障算法中,通常将 UAV 看作质点,并根据 UAV 与障碍物之间的相对大小将障碍物“膨胀”为圆。为解决避障重规划路径侵犯威胁障碍物安全圆问题,可在安

全圆半径乘以一个安全系数，通过控制安全系数的大小解决安全圆侵犯问题。但安全系数会增加避障重规划路径的长度，使得避障重规划路径更加偏离最优初始可飞行路径，从而不满足重规划路径偏离原路径小的要求。

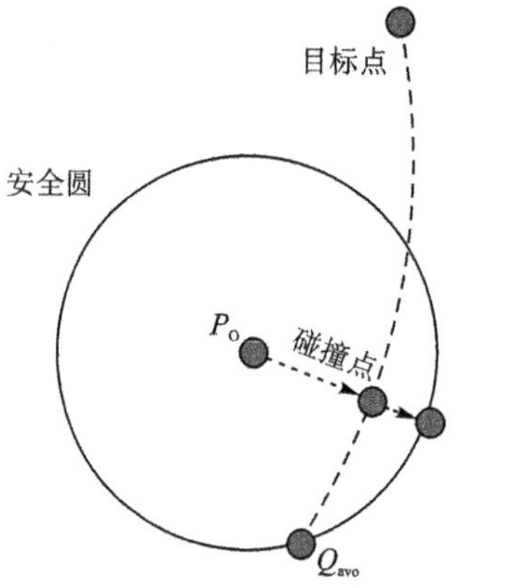

图 3-10　UAV 重规划路径侵犯威胁障碍物安全圆示意图

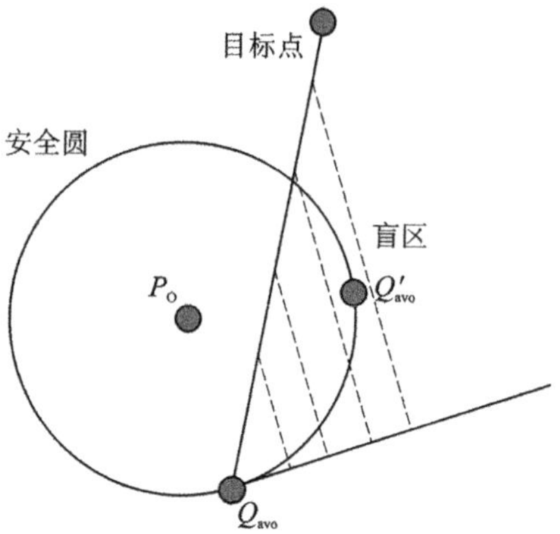

图 3-11　圆心跟踪算法示意图

(3) 五次 PH 螺线路径修正法

五次 PH 螺线路径内部没有尖点和拐点，且其曲率具有良好的性质。采用五次 PH 螺线路径对侵犯威胁障碍物安全圆的重规划路径进行修正，计算简单、耗时少，能够满足 UAV 在线避障路径重规划的实时性要求，且能考虑 UAV 在避障点和目标点处的方向角约束以及自身的最小曲率半径等约束。因此，基于五次 PH 螺线的避障路径修正方法比二维平面圆心跟踪算法和安全系数法更具优势。为此，采用五次 PH 螺线路径解决 UAV 在避障点和目标点之间重规划路径侵犯威胁障碍物安全圆的问题。

3.4.3　基于 PH 螺线的避障路径修正

1. 规划 PH 螺线路径

由式(2-30)～式(2-34)，可确定起始点 P_0 和终止点 P_5 之间的关系为

$$P_5 - P_0 = \frac{1}{15}(u_0^2 + 4u_0u_2 + 3u_2^2 - 3v_2^2)T + \frac{2}{15}v_2(2u_0 + 3u_2)N \tag{3-35}$$

将式(3-25)、式(3-26)和式(3-28)代入式(3-35)可得

$$\frac{1}{15}(u_0^2 + 4u_0u_2 + 3u_2^2 - 3v_2^2) = \frac{7r\sin\varphi_f}{120(1+\cos\varphi_f)^2}(63 + 26\cos\varphi_f + 12\cos^2\varphi_f) \tag{3-36}$$

$$\frac{2}{15}v_2(2u_0 + 3u_2) = \frac{7v_2(1-\cos\varphi_f)}{60(1+\cos\varphi_f)}(13 + 6\cos\varphi_f) \tag{3-37}$$

由式(3-35)可得

$$(P_5 - P_0) \cdot N = \frac{2}{15} v_2 (2u_0 + 3u_2) \tag{3-38}$$

又终止点 P_5 位于障碍物的安全圆上，则

$$(P_5 - P_0) \cdot N = h - R\cos\varphi \tag{3-39}$$

式中，h 为障碍物安全圆圆心到坐标轴 T 的距离。

那么，根据式(3-38)、式(3-39)可得

$$18R\cos^2\varphi_f + (11R - 60h)\cos\varphi_f + 91R - 60h = 0 \tag{3-40}$$

令 $\gamma = \cos\varphi_f$，则式(3-40)可变为

$$f(\gamma) = 18R\gamma^2 + (11R - 60h)\gamma + 91R - 60h \tag{3-41}$$

对安全圆半径 R 和 h 进行初始化，使得多项式方程 $f(\gamma)=0$ 存在解。因此，将方程的解代入式(2-31)～式(2-36)可确定PH螺线路径。

2. PH螺线路径的调整

在上面规划出了初始连接威胁障碍物安全圆的PH螺线路径，为使UAV的整个避障重规划路径曲率连续，需要确保在避障点处的曲率连续。因此，通过PH螺线路径起始点处与避障点处速度矢量方向角的差值，基于相应的变换矩阵，确保在避障点处的曲率连续。另外，PH螺线路径的起始点可通过坐标平移到UAV的实际避障点处。

假设PH路线路径起始点处与避障点处速度矢量方向角的差值为 σ，则相应的变换矩阵为

$$\boldsymbol{H} = \begin{bmatrix} \cos\sigma & \sin\sigma \\ -\sin\sigma & \cos\sigma \end{bmatrix}$$

再通过安全圆的圆心平移重合，可实现PH螺线路径的起始点与避障点重合，且速度矢量的方向角也重合。从而实现了对避障重规划路径的修正，解决了避障重规划路径侵犯威胁障碍物安全圆的问题。此时，PH螺线路径的终止点为设定的虚拟目标点，在虚拟目标点与目标点处的路径重规划可通过参考文献[59]的方法实现。

3.5 UAV自主避障算法的仿真验证

3.5.1 仿真初始条件的求解

为验证动态不确定环境下UAV自主避障算法的有效性和可行性，将提出的算法应用到PH曲线路径规划中，并进行仿真验证。同时，也给出了基于PH螺线的避障路径修正方法仿真验证。

参考文献[59]给出了基于PH曲线的UAV可飞行路径规划方法，UAV可飞行PH路径规划需要确定出发点和目标点处的位姿信息 $\text{pose}_s(x_s, y_s, \varphi_s)$ 和

$pose_f(x_f, y_f, \varphi_f)$，并设定相应的路径规划参数使规划的 PH 路径满足 UAV 飞行性能约束条件。这里只对出发点和目标点处的位姿信息 $pose_s(x_s, y_s, \varphi_s)$ 和 $pose_f(x_f, y_f, \varphi_f)$ 进行求解，路径规划参数根据参考文献[59]中的结论进行设定。

首先，出发点的位姿信息 $pose_s(x_s, y_s, \varphi_s)$ 可确定为 UAV 对威胁障碍物避碰的当前时刻的位姿信息 $pose_u(x_u, y_u, \varphi_u)$；而目标点处的位姿信息 $pose_f(x_f, y_f, \varphi_f)$ 可根据动态不确定环境下 UAV 自主避障算法进行求解。为实现 UAV 对威胁障碍物的避碰，将目标点处的方向角 φ_f 设定为 3.3 节中 UAV 对威胁障碍物的避碰方向角；而目标点处的位置坐标 (x_f, y_f) 可根据 UAV 避障的主体障碍物确定，主体障碍物确定为 UAV 速度矢量 $\boldsymbol{v}_u$ 最后偏转出的速度障碍圆弧对应的障碍物。下面对 (x_f, y_f) 进行求解。

假设 UAV 需要对 N 个威胁障碍物进行避碰，那么 UAV 对威胁障碍物的避碰时间可确定为

$$t = \min(t_1, t_2, \cdots, t_N), \quad t_i = \frac{d_{\mathrm{VO}_i^+} - R_i^+}{v_{\mathrm{uo}_i}^+ \cos \alpha_i^+} \quad (i = 1, 2, \cdots, N)$$

则 (x_f, y_f) 可确定为

$$(x_f, y_f) = P_{\mathrm{O}_j} + \boldsymbol{v}_{\mathrm{o}_j}^+ t + \lambda \left[\cos(\pi + \varphi_{\mathrm{o}_j}^+), \sin(\pi + \varphi_{\mathrm{o}_j}^+)\right]$$

式中，O_j 为主体障碍物，参数 λ 的表达式为

$$\lambda = (P_{\mathrm{VO}_j^+} Q_{\mathrm{O}_j} / P_{\mathrm{VO}_j^+} P_{\mathrm{VO}_j}) P_{\mathrm{VO}_j} P_{\mathrm{VO}'_j}$$

3.5.2 仿真结果及分析

1. UAV 自主避障仿真

在动态不确定环境下，设定 UAV 从起飞点 P_s(0 m, 0 m) 到目标点 P_t(500 m, 1 000 m) 处执行任务。在 UAV 飞行过程中，通过自身携带的传感器装置，感知到周围环境中的威胁障碍物，下面基于动态不确定性情况下的 UAV 自主避障算法对 UAV 进行避碰仿真，仿真考虑了环境中的动态不确定性。UAV 和障碍物的初始化条件如表 3-1 所列。其中，UAV 感知到的障碍物中只有一个具有威胁性，其他都是非威胁障碍物。

表 3-1 单个威胁障碍物避碰初始化条件

初始化条件	UAV	O1	O2	O3
位置坐标/m	(200, 400)	(114, 523)	(263, 536)	(336, 463)
速度大小/(m · s^{-1})	55	40	45	60
方向角/(°)	63.4	15	115	125
威胁性判断		$\alpha_1 < \alpha_{o1}$(威胁)	$\alpha_2 > \alpha_{o2}$(非威胁)	$\alpha_3 > \alpha_{o3}$(非威胁)

根据动态不确定速度障碍圆弧 G_{arc}^+ 的计算方法，可以得到表 3-2 中在不同动态不确定性情况下的威胁障碍圆弧参数。其中，$\Delta\varphi_o$ 为 0°时表示不考虑复杂环境下的

动态不确定性。对比表 3-2 中不同动态不确定性情况下的威胁障碍圆弧参数，可以得出：障碍圆弧范围的大小与动态不确定性成正相关。

表 3-2 不同动态不确定性情况下的威胁障碍圆弧参数

$\Delta\varphi_o$/(°)	G_{o1}	障碍圆弧范围/(°)
0	(50.6 m, 84.1°, 23.1°)	[61.0, 107.2]
1	(50.2 m, 84.0°, 24.1°)	[59.9, 108.1]
3	(49.4 m, 83.8°, 26.1°)	[57.7, 109.9]
5	(48.5 m, 83.5°, 28.1°)	[55.4, 111.6]

那么，UAV 对威胁障碍物的避碰方向可确定为障碍圆弧范围以外的值。根据初始化条件和 3.5.1 小节中的计算方法，可以得出在动态不确定性 $\Delta\varphi_o=5°$时的避障时间 $t=2.63$ s，避障点为(207 m，548 m)。相应的仿真结果如图 3-12 所示，仿真结果表明：UAV 在考虑动态不确定性下，能够实现对单威胁障碍物的避碰。

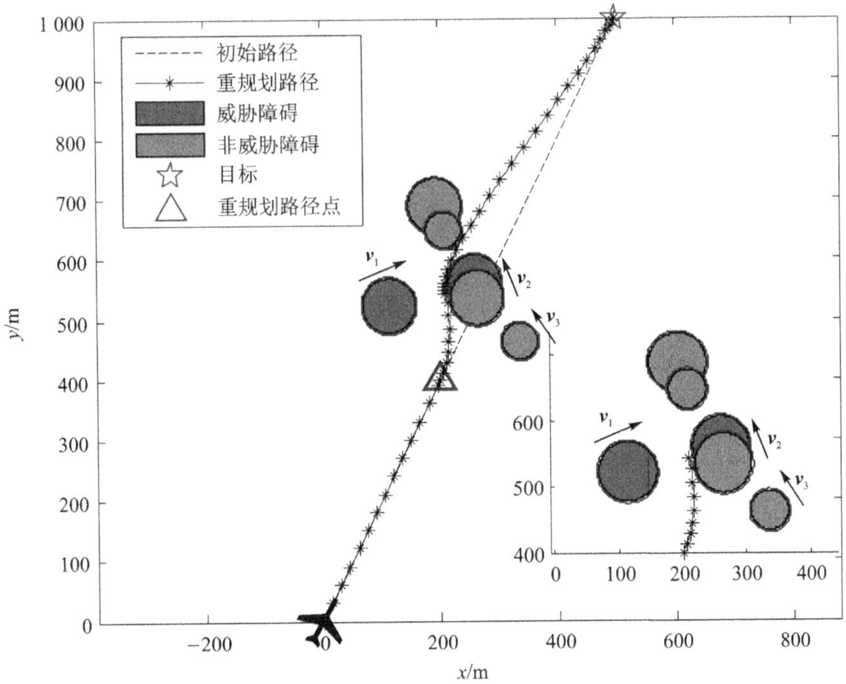

图 3-12 考虑动态不确定性情况下单个威胁障碍物避碰仿真图

当 UAV 同时探测到多威胁障碍物时，相应的初始化条件如表 3-3 所列。从表 3-3 中可以得出：障碍物 O1、O2 具有威胁；而 O3、O4 为非威胁障碍物。

表 3-4 给出了两个威胁障碍物在不同动态不确定性情况下的圆弧参数，而整个障碍圆弧范围为两个威胁障碍圆弧范围的并集，且随动态不确定的增加而变大。

表 3-3 多威胁障碍物避碰初始化条件

初始化条件	UAV	O1	O2	O3	O4
位置坐标/m	(200,400)	(114,523)	(323,486)	(213,549)	(336,463)
速度大小/(m·s^{-1})	55	40	35	45	60
方向角/(°)	63.4	15	125	115	125
威胁性判断		$\alpha_1<\alpha_{o1}$(威胁)	$\alpha_2<\alpha_{o2}$(威胁)	$\alpha_3>\alpha_{o3}$(非威胁)	$\alpha_4>\alpha_{o4}$(非威胁)

表 3-4 不同动态不确定性情况下的威胁障碍圆弧参数

$\Delta\varphi_o$/(°)	G_{o1}	G_{o2}	障碍圆弧范围/(°)
0	(50.6 m, 84.1°, 23.1°)	(53.5 m, 73.2°, 13.5°)	[59.7, 107.2]
1	(50.2 m, 84.0°, 24.1°)	(53.3 m, 73.2°, 14.3°)	[58.9, 108.1]
3	(49.4 m, 83.8°, 26.1°)	(52.9 m, 73.3°, 16.0°)	[57.3, 109.9]
5	(48.5 m, 83.5°, 28.1°)	(52.4 m, 73.3°, 17.6°)	[55.4, 111.6]

同样,UAV 对多威胁障碍物的避碰方向可确定为整个障碍圆弧范围以外的值,再根据相应的初始化条件可确定避障时间 $t=2.38$ s,避障点为(291 m,516 m)。相应的仿真结果如图 3-13 所示,仿真结果表明:UAV 能够实现在考虑动态不确定性情况下的多威胁障碍物避碰。

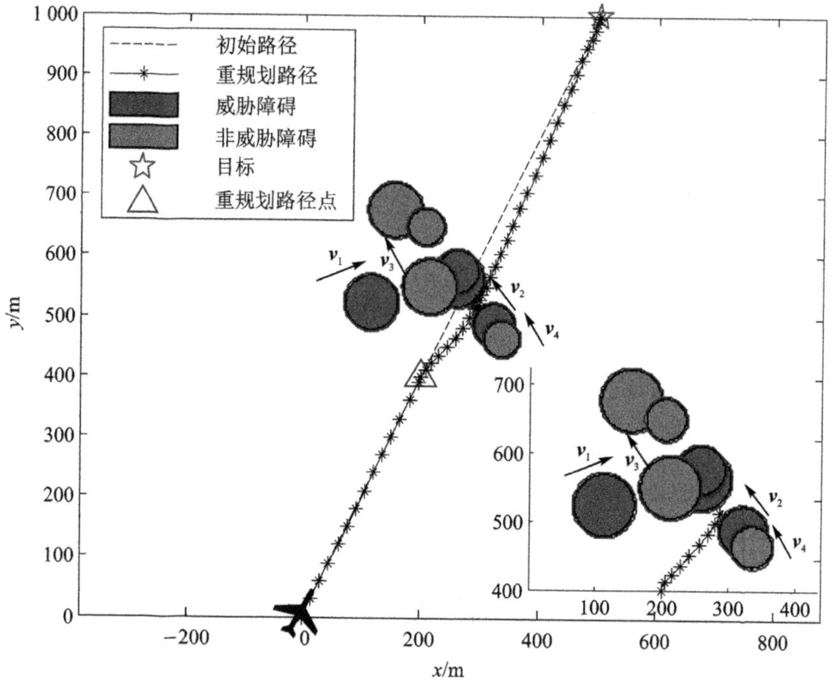

图 3-13 考虑动态不确定性情况下多威胁障碍物避碰仿真图

2. 避障路径修正仿真

在避障路径修正过程中，避障点与虚拟目标点之间存在顺时针旋转和逆时针旋转的两种位置关系。顺时针旋转位置关系对应于仿真图 3－14，图 3－15 为顺时针 PH 螺线路径的曲率变化图。此时，PH 螺线路径的最大曲率半径为 $\kappa_{max}=0.043\ m^{-1}$，而威胁障碍物的安全圆半径为 $R=20$ m。因此，PH 螺线路径满足相应的曲率约束条件，且不会侵犯威胁障碍物的安全圆。

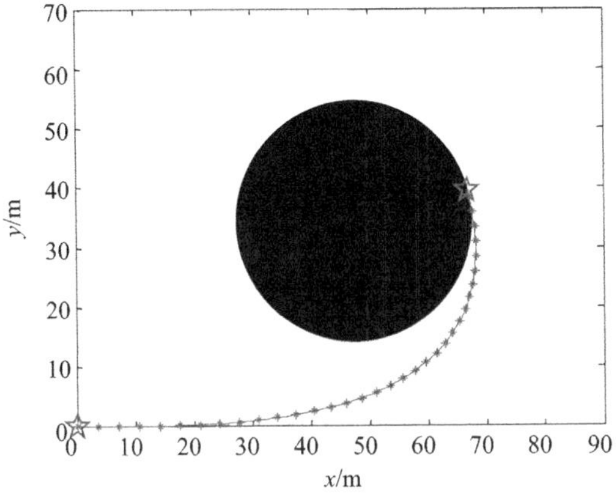

图 3－14 顺时针 PH 螺线路径修正仿真图

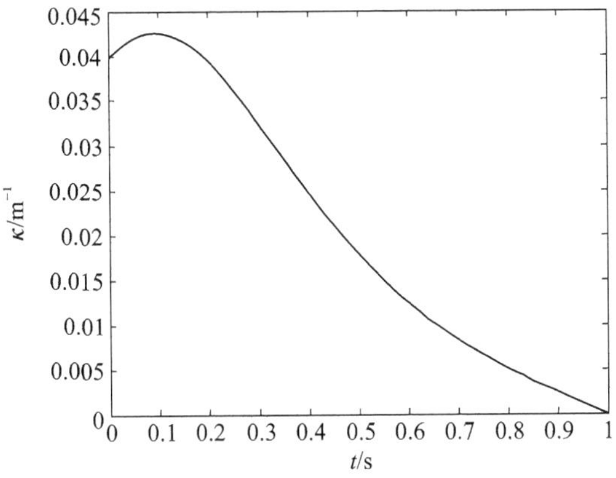

图 3－15 顺时针 PH 螺线路径曲率变化图

逆时针旋转位置关系对应于仿真图 3－16，图 3－17 为逆时针 PH 螺线路径的曲率变化图。此时，PH 螺线路径的最大曲率半径为 $\kappa_{max}=0.038\ m^{-1}$，而威胁障碍物的安全圆半径为 $R=25$ m。因此，PH 螺线路径满足相应的曲率约束条件，且不会侵犯威胁障碍物的安全圆。

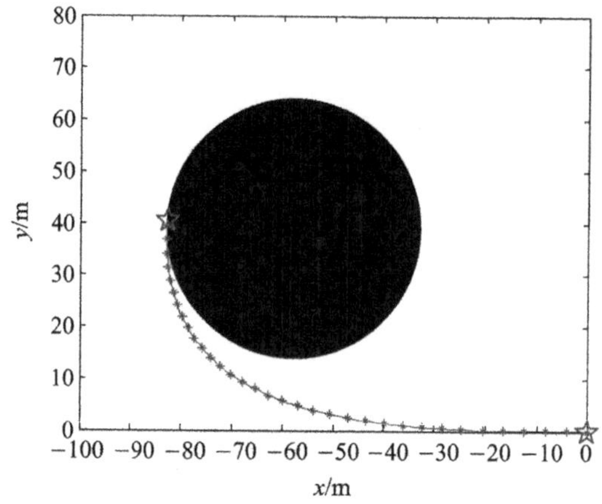

图 3-16　逆时针 PH 螺线路径修正仿真图

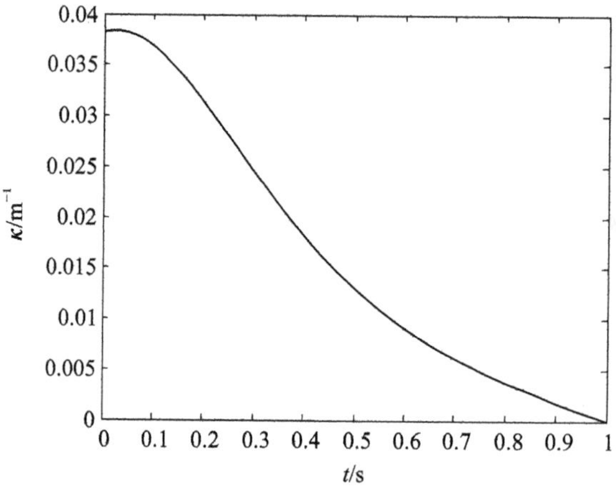

图 3-17　逆时针 PH 螺线路径曲率变化图

第4章 一种基于障碍球冠的三维UAV自主避障算法研究

4.1 概述

近年来，许多学者对UAV在动静态环境中的自主避障算法进行了研究，以提高UAV在复杂环境中对威胁障碍物的“感知和避碰”能力，如何提高UAV在三维空间复杂环境中执行艰巨任务的生存能力成为UAV技术研究中亟待解决的关键问题之一。为UAV配备高性能的自主避障系统可实现UAV在复杂环境下对动静态障碍物的避碰，即要求自主避障系统配备的自主避障算法能实现对动静态威胁障碍物的避碰；另外，提升UAV的自主避障系统性能，可提高UAV在复杂动态环境中执行任务时的生存能力。目前，针对三维空间避障的文献相对较少，且文献中多采用降维的思想对三维空间避障进行处理；同时，现有避障算法对复杂环境中多威胁障碍物的避碰较为复杂，很难得到UAV对多威胁障碍物避碰的最优方向。

为此，本章提出一种基于空间速度障碍球冠的三维UAV最优避障方法。该方法在处理多威胁障碍物问题方面具有简单、直观的优点；依据求解的空间速度障碍球冠参数，量化了UAV感知到的威胁障碍物影响；同时，通过对空间速度障碍球冠的保角映射，能够确定多动静态威胁障碍物避碰的最优速度矢量方向，对提升UAV自主避障系统性能具有重要作用。

4.2 三维空间碰撞锥和三维空间速度障碍的定义

4.2.1 三维空间碰撞锥的定义

在复杂环境下，UAV执行任务的过程中，利用自身携带的障碍感知模块，可感知到周围环境中存在的动静态障碍物，并可获取障碍物的位置信息 P_O 和速度矢量信息 $\boldsymbol{v}_o$，即位姿信息 $\mathrm{pose3}_{obs}(P_O,\boldsymbol{v}_o)$；同时，UAV的飞行感知模块也可实时地获取自身的位置信息 P_U 和速度矢量信息 $\boldsymbol{v}_u$，即位姿信息 $\mathrm{pose3}_{uav}(P_U,\boldsymbol{v}_u)$。障碍物的位姿信息 $\mathrm{pose3}_{obs}(P_O,\boldsymbol{v}_o)$ 和UAV自身的位姿信息 $\mathrm{pose3}_{uav}(P_U,\boldsymbol{v}_u)$ 可表示为

$$P_O=(x_o,y_o,z_o) \tag{4-1}$$

$$\boldsymbol{v}_{\mathrm{o}}=\begin{bmatrix}v_{\mathrm{o}x}\\v_{\mathrm{o}y}\\v_{\mathrm{o}z}\end{bmatrix}=\begin{bmatrix}v_{\mathrm{o}}\cos\theta_{\mathrm{o}}\cos\varphi_{\mathrm{o}}\\v_{\mathrm{o}}\cos\theta_{\mathrm{o}}\sin\varphi_{\mathrm{o}}\\v_{\mathrm{o}}\sin\theta_{\mathrm{o}}\end{bmatrix}\tag{4-2}$$

$$P_{\mathrm{U}}=(x_{\mathrm{u}},y_{\mathrm{u}},z_{\mathrm{u}})\tag{4-3}$$

$$\boldsymbol{v}_{\mathrm{u}}=\begin{bmatrix}v_{\mathrm{u}x}\\v_{\mathrm{u}y}\\v_{\mathrm{u}z}\end{bmatrix}=\begin{bmatrix}\boldsymbol{v}_{\mathrm{u}}\cos\theta_{\mathrm{u}}\cos\varphi_{\mathrm{u}}\\v_{\mathrm{u}}\cos\theta_{\mathrm{u}}\sin\varphi_{\mathrm{u}}\\v_{\mathrm{u}}\sin\theta_{\mathrm{u}}\end{bmatrix}\tag{4-4}$$

式中，v_{o} 和 v_{u} 分别为障碍物和 UAV 的速度矢量的大小；θ_{o}、φ_{o} 和 θ_{u}、φ_{u} 分别为障碍物和 UAV 的速度矢量方向角。

另外，根据 UAV 携带的障碍感知模块性能，设定其感知距离为 d_0；为简化 UAV 对威胁障碍物的避碰，将 UAV 简化为一点，障碍物相应地“膨胀”为一个球体，障碍球的半径记作 R，且半径 R 由 UAV 自身的尺寸和障碍物的威胁辐射范围确定。过 UAV 的位置坐标点 P_{U} 作障碍球 P_{O} 的切线，所有障碍球 P_{O} 的切线形成三维空间锥面，而障碍球上所有的切点形成切线圆（Tangent Circle，TC），如图 4－1 所示。

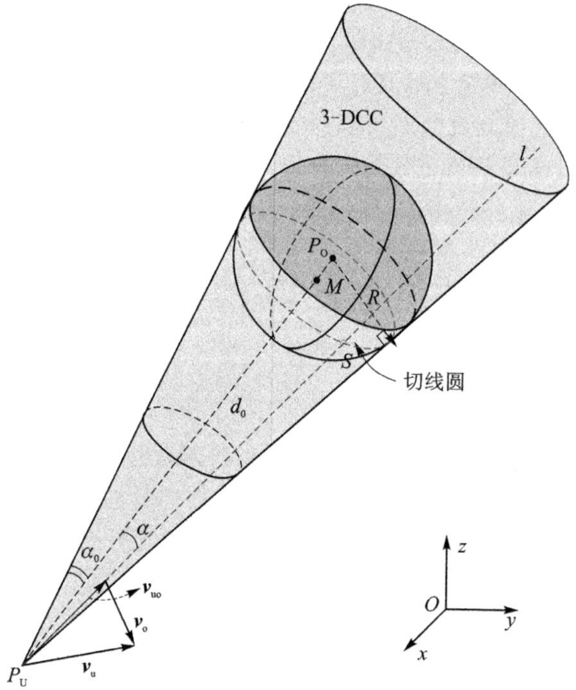

图 4－1　三维空间碰撞锥示意图

其中，TC 的圆心为 M，且 TC 的半径 $r_M < R$。相应的 UAV 与障碍球之间的三维空间碰撞锥(3 - Dimensional Collision Cone，3 - DCC)可定义如下。

定义 4 - 1　从 UAV 位置坐标点 P_U 出发的障碍球切线 l，绕轴线 $P_U P_O$ 旋转一周形成的锥面所包含空间几何体称为空间碰撞锥。

当 UAV 感知到周围环境中存在的动静态障碍物时，需要判定障碍物的威胁性。为简化对 UAV 感知到的障碍物威胁性判定，依据图 4 - 1 中的矢量几何关系，确定矢量之间的夹角，从而给出 UAV 对障碍物威胁性判定的结论。

结论 4 - 1　当 $\alpha \geqslant \alpha_o$ 时，感知到的障碍物不具有威胁性；当 $\alpha < \alpha_o$ 时，感知到的障碍物具有威胁性。其中，α 为相对速度矢量 $\boldsymbol{v}_{uo}$ 与 3 - DCC 的轴线矢量 $\overrightarrow{P_U P_O}$ 之间的夹角；α_o 为空间障碍锥的半顶角。

而 α 与 α_o 可由下面的关系式进行求解：

$$\sin \alpha_o = \frac{R}{d_0} \tag{4-5}$$

$$\cos \alpha = \frac{\boldsymbol{v}_{uo} \cdot \overrightarrow{P_U P_O}}{v_{uo} d_0} \tag{4-6}$$

$$\boldsymbol{v}_{uo} = \boldsymbol{v}_u - \boldsymbol{v}_o \tag{4-7}$$

4.2.2　三维空间速度障碍的定义

为实现 UAV 对威胁障碍物的避碰，需要将位于 3 - DCC 内的相对速度矢量 $\boldsymbol{v}_{uo}$ 偏转出 3 - DCC；而 UAV 在实际避碰过程中控制 UAV 的速度矢量 $\boldsymbol{v}_u$，那么需要对 3 - DCC 进行转化。为简化 UAV 空间避障模型，将 3 - DCC 平移障碍物速度矢量 $\boldsymbol{v}_o$，得到三维空间速度障碍(3 - Dimensional Velocity Obstacle，3 - DVO)，示意图如图 4 - 2 所示。下面给出 3 - DVO 的定义。

定义 4 - 2　将 3 - DCC 内所有的点平移速度矢量 $\boldsymbol{v}_o$ 得到的点集合，即可表述为

$$3\text{-DVO} = \{(x, y, z) \mid (x, y, z) = (x_{3\text{-DCC}}, y_{3\text{-DCC}}, z_{3\text{-DCC}}) + \boldsymbol{v}_o, (x_{3\text{-DCC}}, y_{3\text{-DCC}}, z_{3\text{-DCC}}) \in 3\text{-DCC}\}$$

另外，也可依据 3 - DVO 的定义对障碍物的威胁性进行判定。当 $P_U + \boldsymbol{v}_u \notin$ 3 - DVO 时，感知到的障碍物不具有威胁性；当 $P_U + \boldsymbol{v}_u \in$ 3 - DVO 时，感知到的障碍物具有威胁性。因此，将 UAV 的速度矢量偏转出 3 - DVO 即可实现 UAV 对威胁障碍物的避碰。另外，3 - DVO 的顶点 $P_{3\text{-DVO}}$ 和平移后的障碍物位置坐标 Q_O 可表示为

$$P_{3\text{-DVO}} = P_U + \boldsymbol{v}_o \tag{4-8}$$

$$Q_O = P_O + \boldsymbol{v}_o \tag{4-9}$$

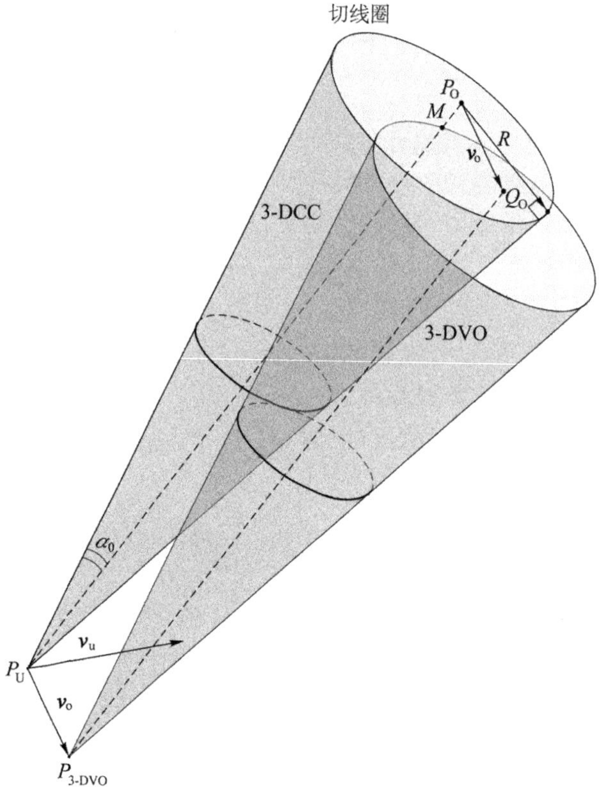

图 4-2　三维空间速度障碍示意图

4.3　空间速度障碍球冠分析法

4.3.1　空间障碍球冠的定义及其参数求解

UAV 在对威胁障碍物进行避碰时，保持速度矢量 $\boldsymbol{v}_u$ 的大小恒定，改变 UAV 的速度矢量 $\boldsymbol{v}_u$ 方向角。为实现 UAV 对威胁障碍物的避碰，需要将 UAV 的速度矢量 $\boldsymbol{v}_u$ 偏转出 3-DVO。图 4-3 给出了速度球(Velocity Sphere，VS)和 3-DVO 相交情况的示意图，位于 3-DVO 上的部分 VS 称为球冠(Spherical Cap，SC)，即为图中标注的相交部分。因此，威胁障碍物对 UAV 的飞行影响转化成了 VS 上的 SC，从而研究 UAV 对威胁障碍物的避碰转化为研究 SC 在 VS 上的大小和方向。这种转化的思想极大地简化了三维空间威胁障碍物避碰模型，量化了威胁障碍物的影响，同时也可考虑"潜在"威胁障碍物的影响[65]。

当 UAV 感知到的障碍物具有威胁时，可建立 UAV 三维速度障碍球冠模型，将威胁障碍物对 UAV 飞行的影响进行量化，然后确定 UAV 自主避障的策略。下面

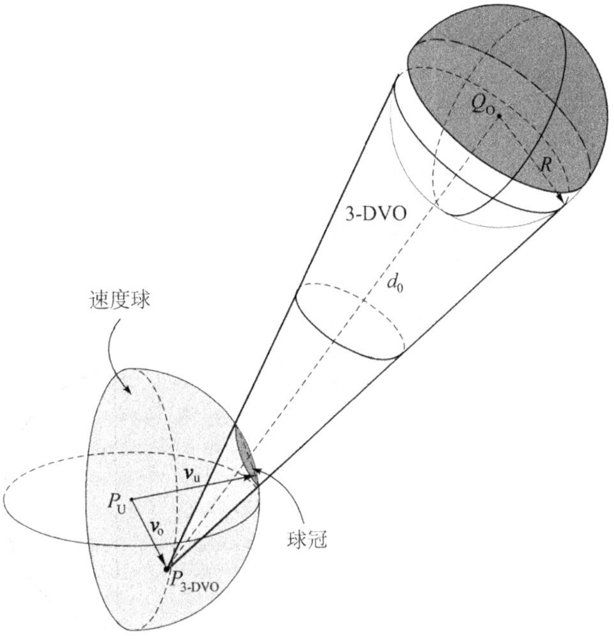

图 4－3　速度球与 3－DVO 速度障碍相交的示意图

通过对 UAV 避障临界状态点的求解，确定威胁障碍物的 SC 的大小和方向。

在空间速度障碍上，由相对速度矢量 $\boldsymbol{v}_{uo}$ 和矢量 $\overrightarrow{P_{3\text{-DVO}}Q_O}$ 可确定空间平面 $P_{3\text{-DVO}}K_1K_2$；特殊地，当相对速度矢量 $\boldsymbol{v}_{uo}$ 和矢量 $\overrightarrow{P_{3\text{-DVO}}Q_O}$ 共线时，平面 $P_{3\text{-DVO}}K_1K_2$ 为过矢量 $\overrightarrow{P_{3\text{-DVO}}Q_O}$ 的任一平面，示意图如图 4－4 所示。其中，点 K_1 和 K_2 为空间平面 $P_{3\text{-DVO}}K_1K_2$ 与切线圆 TC 的交点，且相对速度矢量 $\boldsymbol{v}_{uo}$、矢量 $\overrightarrow{P_{3\text{-DVO}}Q_O}$ 与空间平面 $P_{3\text{-DVO}}K_1K_2$ 之间满足如下关系式：

$$\boldsymbol{v}_{uo} \subset P_{3\text{-DVO}}K_1K_2$$

$$\overrightarrow{P_{3\text{-DVO}}Q_O} \subset P_{3\text{-DVO}}K_1K_2$$

另外，射线 $P_{3\text{-DVO}}K_1$、$P_{3\text{-DVO}}K_2$ 为 3－DVO 锥面上的母线，且与切线圆 TC 交于点 K_1、K_2。为实现 UAV 对空间威胁障碍物 O 的避碰，将位于空间速度障碍 3－DVO 内的 UAV 速度矢量 $\boldsymbol{v}_u$ 偏转至母线 $P_{3\text{-DVO}}K_1$、$P_{3\text{-DVO}}K_2$ 上，并称其为 UAV 避障的临界速度矢量。此时，对应的相对速度矢量 $\boldsymbol{v}_{uo}$ 位于母线 $P_{3\text{-DVO}}K_1$、$P_{3\text{-DVO}}K_2$ 上。

UAV 的避障临界速度矢量与母线 $P_{3\text{-DVO}}K_1$、$P_{3\text{-DVO}}K_2$ 的交点为 A_1 和 A_2，则称点 A_1 和 A_2 为 UAV 避障的临界状态点。那么，通过求解临界状态点 A_1 和 A_2，可确定威胁障碍物的 SC 的大小和方向。而临界状态点 A_1 和 A_2 可由图 4－4 中的空间矢量关系进行求解，相应的空间矢量关系可表示为

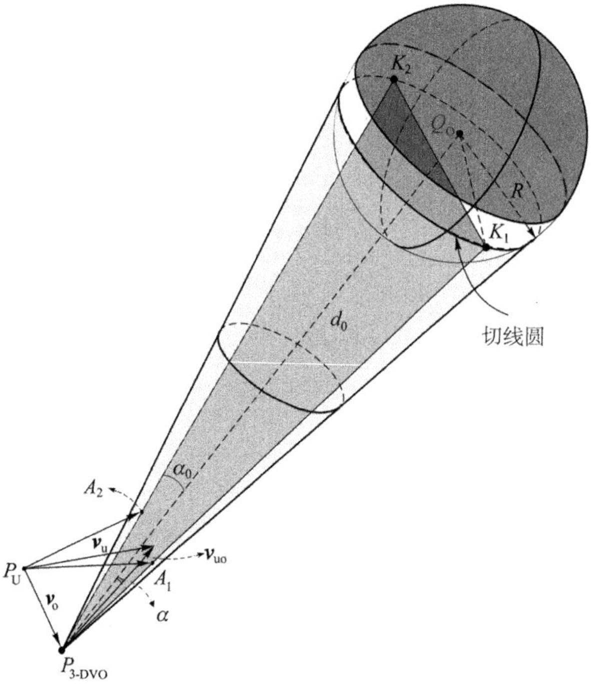

图 4-4　UAV 避障临界状态点示意图

$$\cos(\alpha_0-\alpha)=\frac{\boldsymbol{v}_{uo}\cdot\overrightarrow{P_{3\text{-DVO}}A_1}}{v_{uo}\|\overrightarrow{P_{3\text{-DVO}}A_1}\|} \tag{4-10}$$

$$\cos\alpha_0=\frac{\overrightarrow{P_{3\text{-DVO}}Q_O}\cdot\overrightarrow{P_{3\text{-DVO}}A_1}}{d_0\|\overrightarrow{P_{3\text{-DVO}}A_1}\|} \tag{4-11}$$

$$\cos(\pi-\langle\boldsymbol{v}_o,\overrightarrow{P_{3\text{-DVO}}A_1}\rangle)=\frac{\|\overrightarrow{P_{3\text{-DVO}}A_1}\|^2+v_o^2-v_u^2}{2v_o\|\overrightarrow{P_{3\text{-DVO}}A_1}\|} \tag{4-12}$$

$$\cos\langle\boldsymbol{v}_o,\overrightarrow{P_{3\text{-DVO}}A_1}\rangle=\frac{\boldsymbol{v}_o\cdot\overrightarrow{P_{3\text{-DVO}}A_1}}{v_o\|\overrightarrow{P_{3\text{-DVO}}A_1}\|} \tag{4-13}$$

根据式(4-10)～式(4-13)可确定临界状态点 $A_1(x_1,y_1,z_1)$ 的坐标，临界状态点 $A_2(x_2,y_2,z_2)$ 的坐标可类似确定。那么，对应临界状态点 A_1、A_2 的避障速度矢量也可确定。此时，临界状态点 A_1 对应的 UAV 速度矢量偏转空间角度最小；临界状态点 A_2 对应的速度矢量偏转空间角度最大。

为准确表达威胁障碍物 SC 的大小和方向，采用符号 G 表示 SC，用参数 r、φ_r、θ_r 和 γ 表示 SC 的大小和方向，即 $G(r,\varphi_r,\theta_r,\gamma)$。图 4-5 给出了 SC 在 VS 上表示的示意图。其中，参数 r 为 UAV 位置坐标点 P_U 到 SC 中心点 C_o 的距离，且 $r\in[0,v_u]$；参数 φ_r 和 θ_r 为矢量 $\overrightarrow{P_UC_o}$ 的空间方向，$\varphi_r\in[-\pi,\pi]$、$\theta_r\in[-\pi/2,\pi/2]$；参数 γ 为

UAV 位置坐标点 P_U 与 TC 形成圆锥的半顶角，$\gamma \in [0,\pi]$。

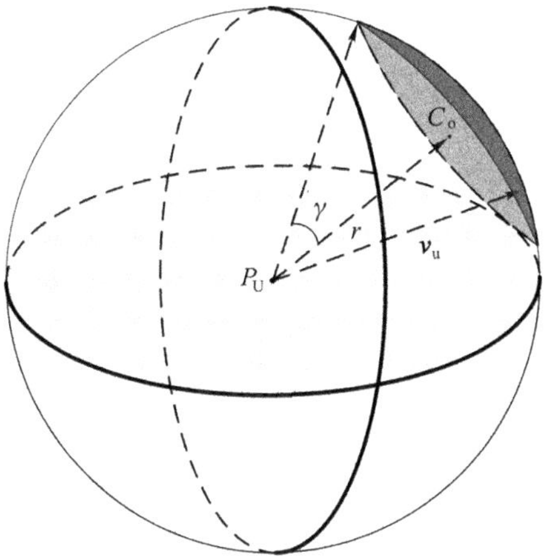

图 4-5　球冠在速度球上的表示

G 的四个未知参数可通过求解的 UAV 避碰临界点确定。四个未知参数可由下面关系式确定：

$$C_o = \frac{A_1 + A_2}{2} \tag{4-14a}$$

$$r = \| \overrightarrow{P_U C_o} \| \tag{4-14b}$$

$$\cos\varphi_r = \frac{x_{\overrightarrow{P_U C_o}}}{\sqrt{x^2_{\overrightarrow{P_U C_o}} + y^2_{\overrightarrow{P_U C_o}}}} \tag{4-14c}$$

$$\sin\theta_r = \frac{z_{\overrightarrow{P_U C_o}}}{\sqrt{x^2_{\overrightarrow{P_U C_o}} + y^2_{\overrightarrow{P_U C_o}} + z^2_{\overrightarrow{P_U C_o}}}} \tag{4-14d}$$

$$\sin\gamma = \frac{\| \overrightarrow{A_1 A_2} \|}{2\boldsymbol{v}_u} \tag{4-14e}$$

这样，威胁障碍物对 UAV 飞行的影响可通过 SC 的参数进行量化；特别当 UAV 对多威胁障碍物避碰时，可程序化地对多个威胁障碍物的 SC 参数进行计算，则 UAV 避障方向可在多个 SC 叠加的基础上进行求解。而基于碰撞锥思想的方法需要考虑多个威胁碰撞锥的相交情况，并通过降维投影的方式，在水平面和纵向平面内实现多威胁障碍物避障方向角的求解。因此，空间速度障碍球冠法的提出避免了基于空间碰撞锥思想的方法在求解多威胁障碍物避碰方向上局限于水平面和纵向平面内的问题。

4.3.2　空间速度障碍球冠的保角映射分析

1. VS 和 SC 的保角映射

在 4.2.1 小节提出的空间速度障碍球冠法用于分析和量化三维空间威胁障碍物

对 UAV 飞行的影响,解决了现有三维空间避障算法从几何上分析和解决 UAV 对威胁障碍物避碰复杂的问题。但空间速度障碍球冠法在处理 UAV 对多威胁障碍物避碰问题时,很难确定 UAV 对多威胁障碍物避碰的最优速度矢量方向。由于 UAV 的速度球面上对应的速度矢量方向角 $F_u(\varphi_u, \theta_u)$ 可唯一确定,所以可对 UAV 的 VS 和威胁障碍物的 SC 进行保角映射,且 VS 和 SC 的保角映射唯一确定;这样,即可实现将 UAV 三维空间避障问题转化为二维平面上避障速度矢量方向确定问题,简化了 UAV 对动静态威胁障碍物的避碰分析。因此,称通过对空间速度障碍球冠进行保角映射以实现 UAV 对威胁障碍物的避碰分析方法为空间速度障碍球冠的保角映射分析法[66]。

首先,以 $O\varphi$ 为平面直角坐标系的横轴,$O\theta$ 为平面直角坐标系的纵轴,建立平面方向角直角坐标系 $O\varphi\theta$,φ 和 θ 分别表示为 UAV 速度矢量 $\boldsymbol{v}_u$ 的偏航角和俯仰角,相应的坐标系示意图如图 4-6 所示。

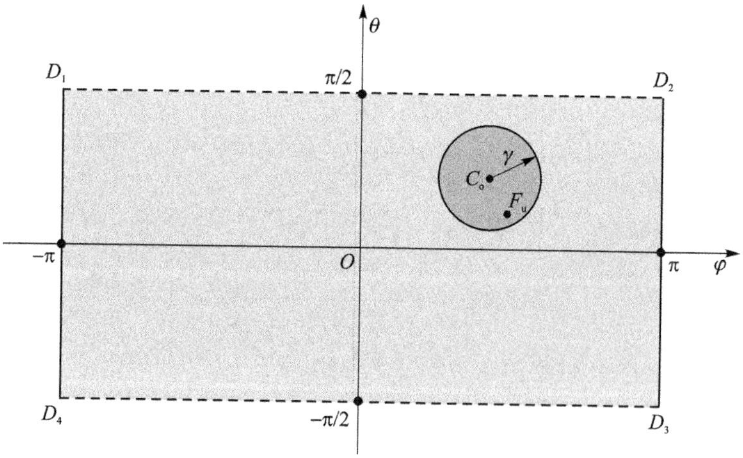

图 4-6　VS 和 SC 的保角映射

在 UAV 的 VS 上,速度矢量 $\boldsymbol{v}_u$ 方向角 φ_u 和 θ_u 的范围分别为 $[-\pi, \pi]$、$[-\pi/2, \pi/2]$,且满足对任意的 $\varphi_u \in [-\pi, \pi]$,$\theta_u$ 可以取遍 $[-\pi/2, \pi/2]$ 内的任意值,则 VS 对应的保角映射范围为图 4-6 中对应的矩形速度矢量方向角集合 $D_1D_2D_3D_4$,并可得出相应的结论如下。

结论 4-2　UAV 速度球面上任意一速度矢量 $\boldsymbol{v}_u$ 的方向角 $F_u(\varphi_u, \theta_u)$ 和矩形速度矢量方向角集合 $D_1D_2D_3D_4$ 内的每一点之间为一一映射关系。

同样,由于在 4.2.1 小节求解了空间速度障碍球冠参数 $G(r, \varphi_r, \theta_r, \gamma)$,可以对位于 VS 上的威胁障碍 SC 大小和方向进行表达,故位于 VS 上的威胁障碍 SC 也可通过坐标系 $O\varphi\theta$ 内的速度矢量方向角集合进行表示。矢量 $\overrightarrow{P_UC_o}$ 的方向角 (φ_r, θ_r) 为空间速度障碍球冠保角映射的中心点,且空间速度障碍球冠边界上对应的速度矢量与矢量 $\overrightarrow{P_UC_o}$ 之间的夹角为恒定值 γ,则空间速度障碍球冠边界的保角映

射为坐标系 $O\varphi\theta$ 内一个以点(φ_r,θ_r)为圆心的$\odot C_o$,$\odot C_o$的半径为空间速度障碍球冠的参数 γ。另外,空间速度障碍球冠的保角映射一一对应$\odot C_o$内的速度矢量方向角点,则相应的空间速度障碍球冠的保角映射为图 4-6 中的以 C_o 为圆心、以 γ 为半径的圆,记作$\odot C_o$。此时 UAV 的速度矢量方向角 $F_u(\varphi_u,\theta_u)\in\odot C_o$。由于设定了空间速度矢量方向角的取值范围,所以导致空间速度障碍球冠保角映射的特殊情况,详见下面。

2. 空间障碍球冠保角映射的特殊情况分析

图 4-6 对图 4-5 中的空间 VS 和 SC 进行了保角映射,但图 4-6 只给出了空间速度障碍球冠的一种普遍保角映射情况。当空间速度障碍球冠的保角映射范围超过设定的 UAV 速度矢量方向角范围时,空间速度障碍球冠的保角映射会产生三种特殊情况,分别对应图 4-7 中的 Case1、Case2 和 Case3。下面通过角度平面几何的方式对特殊情况进行分析。

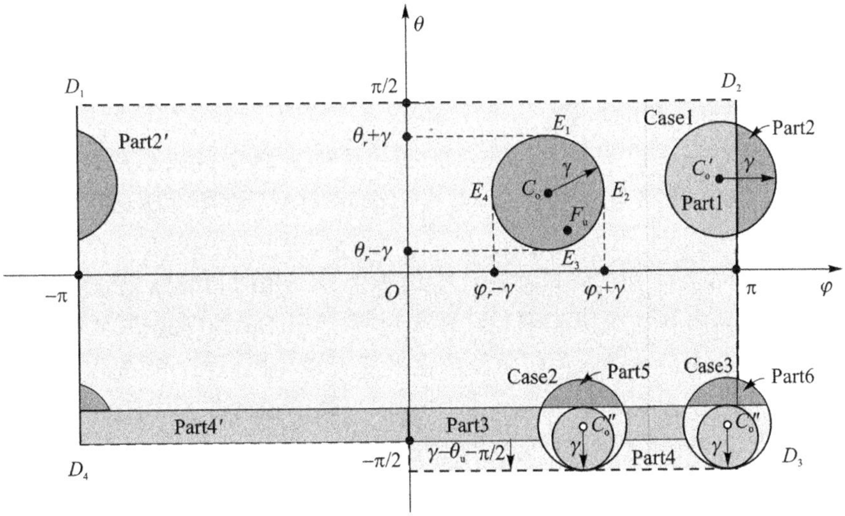

图 4-7　SC 保角映射的特殊情况

通常情况下,SC 的保角映射一般情况为$\odot C_o$,但当$\odot C_o$的边界超过 VS 的平面角度集合 $D_1D_2D_3D_4$ 边界时,SC 的保角映射将产生一些特殊的情况。图 4-7 中的 E_1 和 E_3 分别为$\odot C_o$的上边界点和下边界点;E_2 和 E_4 分别为$\odot C_o$的右边界点和左边界点。由于 VS 和 SC 保角映射的对称性,下面以 E_2、E_3 分别超过 VS 的右边界 D_2D_3、下边界 D_3D_4 为例对 SC 保角映射的特殊情况进行讨论。E_4、E_1 分别超过左边界 D_1D_4、上边界 D_1D_2 的情况类似于 E_2、E_3 的讨论情况。

特殊情况 1　当$\odot C_o$的右边界点 E_2 超过右边界 D_2D_3 时,相应的示意图如图 4-7 中的 Case1,$\odot C'_o$位于右边界 D_2D_3 外的圆面 Part2。此时,右边界 D_2D_3 外 Part2 内的 SC 保角映射集合应平移到左边界 D_1D_4 以内的圆面 Part2′。因此,

Case1 对应的 SC 保角映射应为 Part1 和 Part2′。

特殊情况 2 当⊙C_o 的下边界点 E_3 超过下边界 D_3D_4 时，此时 SC 的保角映射由⊙C''_o转化为矩形 Part3、Part4 和扇形 Part5，而 Part4 超过下边界 D_3D_4，则相应的 Part4 需要平移到 Part4′处。所以，Case2 对应的 SC 保角映射应为 Part3、Part4′和 Part5。

特殊情况 3 当⊙C_o 的右边界点 E_2 超过右边界 D_2D_3 且下边界点 E_3 大于下边界 D_3D_4 时，该情况下的 SC 保角映射为在特殊情况 2 下将 Part5 的部分保角映射表示集合 Part6 平移到左边界 D_1D_4。

3. 基于空间速度障碍球冠保角映射分析法的 UAV 最优避碰

为解决空间速度障碍球冠分析多威胁障碍物避碰复杂且很难确定 UAV 的最优避障方向角的问题，在本小节第 1 部分提出了空间速度障碍球冠保角映射分析法，并在第 2 部分对空间速度障碍球冠的保角映射特殊情况进行了分析。空间速度障碍球冠保角映射分析法基于转化的思想，根据威胁障碍物 SC 的参数 G，将位于 SC 上不可行的 UAV 速度矢量集合与坐标系 $O\varphi\theta$ 内的速度矢量方向角集合之间构成一一映射关系。那么，基于空间速度障碍球冠保角映射分析法即可实现对多威胁障碍物避碰的最优速度矢量方向的求解。

UAV 最优避碰速度矢量方向的求解基于速度矢量偏转最小角度原则。在空间威胁障碍球冠保角映射的基础上，可得出确定 UAV 最优避碰速度矢量方向的结论。

结论 4-3 UAV 速度矢量在三维空间中的最小避障偏转角确定在矢量 $\overrightarrow{C_oF_u}$ 方向上；在水平面内的最小避障偏转角确定在平行于 $O\varphi$ 轴且过点 F_u 的矢量方向上；在纵向平面内的最小避障偏转角确定在平行于 $O\theta$ 轴且过点 F_u 的矢量方向上。

证明：UAV 的速度矢量方向角 $F_u(\varphi_u,\theta_u)$ 位于威胁障碍球冠保角映射范围⊙C_o 内，UAV 避障的临界速度矢量方向角 $Q_{avo}(\varphi_{avo},\theta_{avo})$ 在圆域⊙C_o 的边界上，F_u 与 Q_{avo} 之间的距离可表述为 UAV 速度矢量因避障偏转的角度大小。那么，在⊙C_o 的边界上任取一点 $Q'_{avo}(\varphi'_{avo},\theta'_{avo})$，则

$$C_oF_u + F_uQ'_{avo} \geqslant C_oF_u + F_uQ_{avo} = \gamma$$

因此，确定在矢量 $\overrightarrow{C_oF_u}$ 方向上的 Q_{avo} 与 F_u 之间的距离最小，对应于 UAV 在三维空间中的最小避障偏转角。同样地，在水平面内 UAV 的速度矢量 θ 不变，则水平面内的最小避障偏转角在平行于 $O\varphi$ 轴且过点 F_u 的矢量方向上；纵向平面内的最小避障偏转角结论同理可证。

为直观地对结论 4-3 进行描述，在图 4-6 的基础上，给出了三维空间、水平面和纵向平面上的最小避障偏转角方向，如图 4-8 所示。其中，矢量 $\boldsymbol{a}$ 为确定纵向平面内的最小避障偏转角方向；矢量 $\boldsymbol{b}$ 为确定三维空间内的最小避障偏转角方向；矢量 $\boldsymbol{c}$ 为确定水平面内的最小避障偏转角方向。那么，对比现有三维空间避障算法从几何上分析和解决 UAV 对威胁障碍避碰算法，空间速度障碍球冠保角映射分析法

在确定 UAV 对威胁障碍物避碰的速度矢量方向问题上，空间速度障碍球冠保角映射分析法直观、快速地确定了 UAV 避碰方向，且在空间和降维平面上都可实现速度矢量偏转的角度最小。

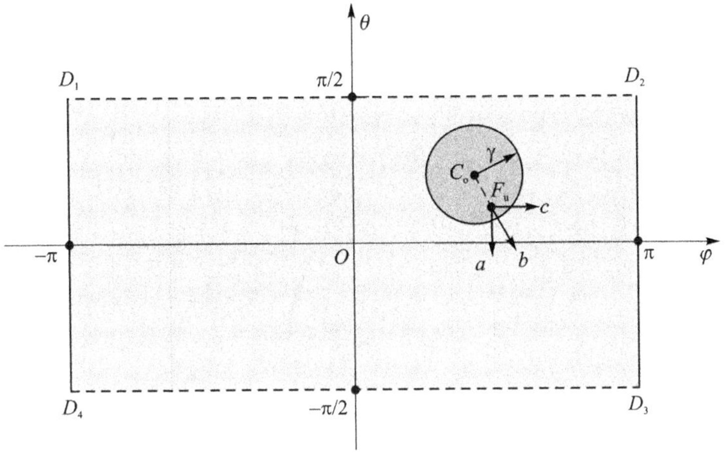

图 4-8　最优避碰方向确定的示意图

4.4　基于空间障碍球冠的三维 UAV 自主避障算法

4.4.1　单威胁障碍物的避碰分析

基于 4.3.2 小节提出的空间速度障碍球冠的保角映射分析法，可通过图 4-5 中的 SC 和图 4-6 中的 SC 保角映射对单威胁障碍物的避碰进行分析求解。要实现 UAV 对单威胁障碍物的避碰，需要将 UAV 的速度矢量 $\boldsymbol{v}_u$ 偏转出 VS 上的 SC。而在实际的避碰方向确定过程中，SC 的参数已经求解，可以对 VS 上的 SC 进行保角映射，相应的 UAV 速度矢量方向角 $F_u(\varphi_u,\theta_u)$ 对应平面方向角直角坐标系 $O\varphi\theta$ 上的一点。因此，将 UAV 的速度矢量方向角 $F_u(\varphi_u,\theta_u)$ 平移出威胁障碍物 SC 的保角映射集合范围，即可实现 UAV 对单威胁障碍物的避碰。

在将 UAV 的速度矢量方向角 $F_u(\varphi_u,\theta_u)$ 平移出威胁障碍物 SC 的平面角度表示范围时，φ_u 不变、θ_u 改变的方式对应 UAV 三维空间中在纵向平面内进行避障情形；φ_u 改变、θ_u 不变的方式对应 UAV 三维空间中在水平面内进行避障情形；而 φ_u、θ_u 同时改变的方式对应于 UAV 三维空间中的某一侧向平面内进行避障情形，具有较大的任意性。那么，采用空间速度障碍球冠保角映射分析法，在平面方向角直角坐标系 $O\varphi\theta$ 内，只需确定当前 UAV 的速度矢量方向角 $F_u(\varphi_u,\theta_u)$ 距离威胁障碍 SC 保角映射集合范围的最近点，即为 UAV 三维空间最优避障速度矢量方向角。此时，确定的 UAV 速度矢量方向偏离原方向最小，且 UAV 的避障重规划路径偏离原路径最小，所以该方法可快速有效地确定 UAV 在三维空间的最优避障速度矢量方向。

4.4.2 多威胁障碍物的避碰分析

UAV 对多威胁障碍物的避碰以两个威胁障碍物的避碰为例进行分析，三个及以上可采用相同的方法进行分析。当 UAV 同时对两个威胁障碍物避碰时，UAV 的 VS 分别与 3 - DVO_1、3 - DVO_2 相交，产生两个相交的 SC，UAV 的速度矢量 $\boldsymbol{v}_u$ 位于两个 SC 的交集内，示意图如图 4 - 9 所示。根据 SC 的参数计算方法，可得到两个 SC 参数，分别为 $G_1(r_1,\varphi_{r_1},\theta_{r_1},\gamma_1)$ 和 $G_2(r_2,\varphi_{r_2},\theta_{r_2},\gamma_2)$。

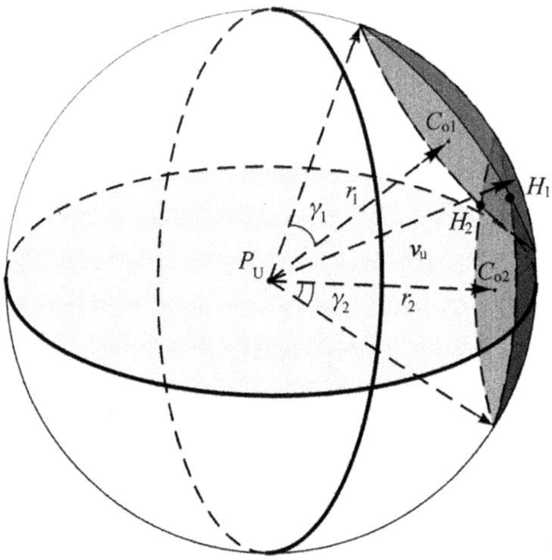

图 4 - 9　多威胁障碍 SC 的情况示意图

将两个 SC 进行保角映射的示意图如图 4 - 10 所示，两个威胁障碍 SC 的保角映射⊙C_{o1} 和⊙C_{o2} 的圆心分别为 $C_{o1}(\varphi_{r_1},\theta_{r_1})$、$C_{o2}(\varphi_{r_2},\theta_{r_2})$，相应的半径分别为 γ_1、γ_2。UAV 的速度矢量方向角 $F_u(\varphi_u,\theta_u)$ 位于两个威胁障碍物 SC 的保角映射⊙C_{o1} 和⊙C_{o2} 的交集内，且交点 H_1、H_2 对应于图 4 - 9 中两个 SC 的交点。

为实现 UAV 对两个威胁障碍物的避碰，需要将 UAV 的速度矢量方向角 $F_u(\varphi_u,\theta_u)$ 移出两个威胁障碍 SC 的保角映射集合⊙C_{o1} 和⊙C_{o2} 的并集范围。该方法只需要通过简单地确定速度矢量点 $F_u(\varphi_u,\theta_u)$ 到 SC 保角映射范围边界的最短距离点，便可快速有效地确定多威胁障碍物避碰的最优 UAV 速度矢量方向，且该多威胁障碍物避碰的 UAV 速度矢量方向偏离原速度矢量方向最小。该方法量化了威胁障碍物的影响，将威胁障碍物的影响转化为平面方向角直角坐标系内的角度范围，简化了多威胁障碍物避碰分析的复杂性及确定最优避碰速度方向的过程；避免了基于空间碰撞锥方法需要通过对多个威胁空间障碍碰撞锥叠加、降维投影求解 UAV 避碰速度矢量方向的过程，而直接从三维空间计算 UAV 对多威胁障碍物避碰的速度矢量方向。

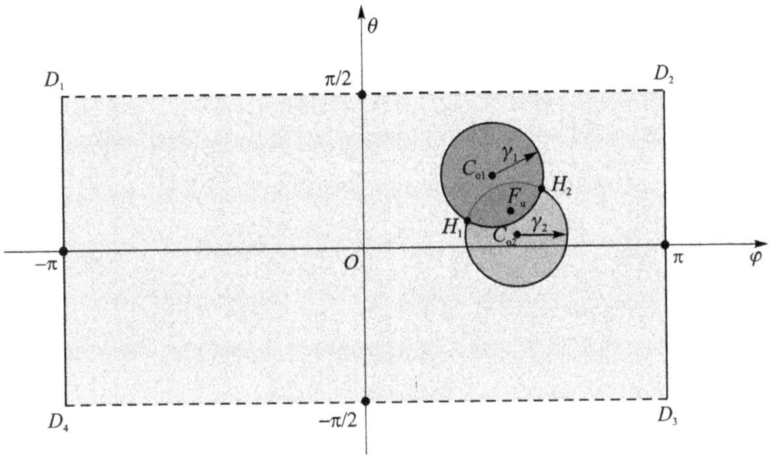

图 4-10　多威胁障碍 SC 的保角映射

4.5　基于空间障碍球冠的三维 UAV 自主避障算法应用验证

将提出的三维 UAV 最优避障方法应用于基于三维五次 PH 曲线的在线路径规划并进行仿真验证。为实现 UAV 对空间威胁障碍物的避碰，需要确定 UAV 对威胁障碍避碰的方向 $Q_{avo}(\varphi_{avo},\theta_{avo})$ 和避碰点 $P_{avo}(x_{avo},y_{avo},z_{avo})$，并以此作为避障重规划路径的初始化条件。参考文献[10,67]研究了三维空间 UAV 可飞行 PH 路径规划方法，考虑了三维空间 UAV 路径规划的曲率、挠率和爬升角约束条件，并给出了规划三维可飞行 PH 路径参数选取方法。在此基础上，根据提出的三维空间自主避障算法，对 UAV 三维空间避障重规划路径的避障点和避障方向进行求解，验证提出的 UAV 三维空间自主避障算法的有效性和可行性。

4.5.1　三维避障曲线路径规划

以三维五次 PH 曲线规划为例进行避障规划仿真分析。当 UAV 进行三维航迹规划时，需要对 UAV 的起飞点和目标点处的位姿信息 $\text{pose}_s(x_s,y_s,z_s,\varphi_s,\theta_s)$、$\text{pose}_f(x_f,y_f,z_f,\varphi_f,\theta_f)$ 进行初始化。其中，(x_s,y_s,z_s)、(x_f,y_f,z_f) 分别为 UAV 的起飞点和目标点处的位置坐标；(φ_s,θ_s)、(φ_f,θ_f) 分别为 UAV 的起飞点和目标点处的方向。那么，UAV 从起飞点到目标点之间的三维航路规划可表示为

$$\text{pose}_s(x_s,y_s,z_s,\varphi_s,\theta_s)\xrightarrow{r(t)}\text{pose}_f(x_f,y_f,z_f,\varphi_f,\theta_f)$$

三维五次 PH 曲线路径的参数化表达形式为 $r(t)=[x(t),y(t),z(t)]$，其速端曲线为 $r'(t)=[x'(t),y'(t),z'(t)]$，且满足相应的勾股约束条件为

$$\sigma^2(t)=x'^2(t)+y'^2(t)+z'^2(t) \tag{4-15}$$

为使得速端曲线 $r'(t)$满足勾股约束条件，将速端曲线的各个分量通过二次多项式 $u(t)$、$v(t)$、$p(t)$和 $q(t)$表示为

$$x'(t)=u^2(t)+v^2(t)-p^2(t)-q^2(t) \tag{4-16}$$

$$y'(t)=2[u(t)q(t)-v(t)p(t)] \tag{4-17}$$

$$z'(t)=2[v(t)q(t)-u(t)p(t)] \tag{4-18}$$

通过设定二次多项式 $u(t)$、$v(t)$、$p(t)$和 $q(t)$的 Bernstein[68-69]形式，可得到三维五次 PH 曲线路径的 Bézier 形式为

$$r(t)=\sum_{k=0}^{5}P_k\begin{bmatrix}5\\k\end{bmatrix}(1-t)^{5-k}t^k \tag{4-19}$$

由式(4-19)可知：确定三维五次 PH 曲线路径的 6 个控制点 $P_k(k=0,1,\cdots,5)$，即可实现对 UAV 的三维五次 PH 航路规划。下面基于四元素法对三维五次 PH 曲线路径的 6 个控制点进行求解。

参考文献[59]给出了 6 个控制点 $P_k(k=0,1,\cdots,5)$之间的关系表达式：

$$P_1=P_0+\frac{1}{5}A_0iA_0^* \tag{4-20}$$

$$P_2=P_1+\frac{1}{10}(A_0iA_1^*+A_1iA_0^*) \tag{4-21}$$

$$P_3=P_2+\frac{1}{30}(A_0iA_2^*+4A_1iA_1^*+A_2iA_0^*) \tag{4-22}$$

$$P_4=P_3+\frac{1}{10}(A_1iA_2^*+A_2iA_1^*) \tag{4-23}$$

$$P_5=P_4+\frac{1}{5}A_2iA_2^* \tag{4-24}$$

式中，$A_l(l=0,1,2)$为四元素系数，且可表示为

$$A_l=u_l+v_li+p_lj+q_lk \tag{4-25}$$

那么，根据相应的 UAV 三维航迹规划初始化条件，可实现对四元素系数 A_0、A_1和 A_2 的求解。从而，由式(4-20)～式(4-24)可确定三维五次 PH 曲线路径的 6 个控制点，再将 6 个控制点代入式(4-19)，即可实现对 UAV 的三维五次 PH 曲线航路规划。

4.5.2　避障点处位姿信息求解

UAV 对三维空间中的 N 个威胁障碍物避碰，相应的单威胁障碍物和多威胁障碍物避碰方向角已在 4.4.1 和 4.4.2 小节中进行了分析求解，而避碰点可由 UAV 避碰设定的主体障碍物进行求解。首先，UAV 对威胁障碍物的避碰时间可确定为

$$t=\min(t_1,t_2,\cdots,t_N)$$

$$t_i=\frac{d_0-R_i}{v_{uo_i}\cos\alpha_i}\quad (i=1,2,\cdots,N)$$

则避碰点 P_{avo} 可表示为

$$P_{avo}=P_{O_j}+\boldsymbol{v}_{o_j}t+R_jA$$

$$A=(-\cos\theta_{o_j}\cos\varphi_{o_j},-\cos\theta_{o_j}\sin\varphi_{o_j},-\sin\theta_{o_j})$$

式中，O_j 为主体障碍物。

4.5.3 仿真验证及分析

1. 单个威胁障碍物的避碰

在动态不确定环境下，UAV 执行从起飞点 P_s(0 m，0 m，0 m)至目标点 P_f(600 m，400 m，125 m)的飞行任务。UAV 在飞行过程中利用自身携带的传感器装置感知到周围环境中存在的障碍物，UAV 需要对威胁障碍物进行避碰。其中，单个威胁障碍物的避碰为 UAV 避障的最简单情况，表 4-1 给出了 UAV 对单个威胁障碍物避碰的初始化条件。

表 4-1　单个威胁障碍物避碰的初始化条件

初始化条件	UAV	O1
位置坐标/m	(180，120，37.5)	(276，146，27.1)
速度大小/(m · s^{-1})	50	40
方向角/(°)	(33.7，9.83)	(150，12.0)
威胁性判断		$\alpha<\alpha_o$(威胁)
球冠参数		(46.3 m，49.2°，3.23°，22.2°)

根据表 4-1 中求解的威胁障碍 SC 参数，可将威胁障碍物的 SC 进行保角映射，相应的最优避碰速度矢量方向角为 Q_{avo}(28.8°，11.9°)，避碰点为 P_{avo}(216 m，180 m，41.7 m)。应用于 PH 曲线路径规划的仿真结果如图 4-11 所示(其中右下角的图为局部放大图)，仿真结果表明，三维空间 UAV 自主避障算法能够实现对单威胁障碍物的避碰。

2. 多威胁障碍物的避碰

当 UAV 同时感知到多个威胁障碍物时，表 4-2 给出了相应的 UAV 和威胁障碍物的初始化条件以及求解的威胁障碍 SC 参数。以表 4-2 中的两个威胁障碍物避碰为例，对其他多威胁障碍物避碰可进行类似避碰分析。

根据表 4-2 中求解的威胁障碍 SC 参数，可对威胁障碍物的 SC 进行保角映射，相应的最优避碰速度矢量方向为 Q_{avo}(30.7°，15.4°)，避碰点为 P_{avo}(231 m，202 m，75.1 m)。应用于 PH 曲线路径规划的仿真结果如图 4-12 所示(其中右下角的图为局部放大图)，仿真结果表明提出的三维空间 UAV 自主避障算法能够实现对多威胁障碍物的避碰。

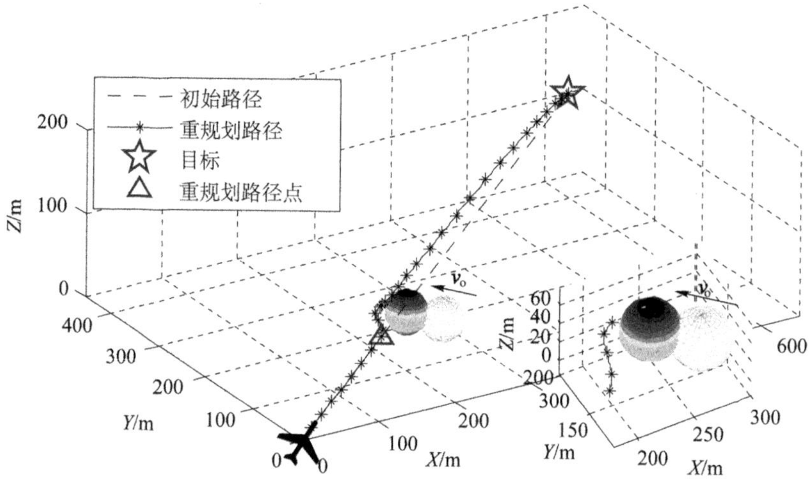

图 4-11　UAV 对单威胁障碍物避碰仿真结果

表 4-2　多威胁障碍物避碰的初始化条件

初始化条件	O1	O2
位置坐标/m	(276,146,27.1)	(197,217,51.4)
速度大小/(m·s^{-1})	40	45
方向角/(°)	(150,12.0)	(−25,−8)
威胁性判断	$\alpha_1<\alpha_o$(威胁)	$\alpha_2<\alpha_o$(威胁)
球冠参数	(46.3 m,49.2°,3.23°,22.2°)	(47.7 m,20.8°,1.14°,17.3°)

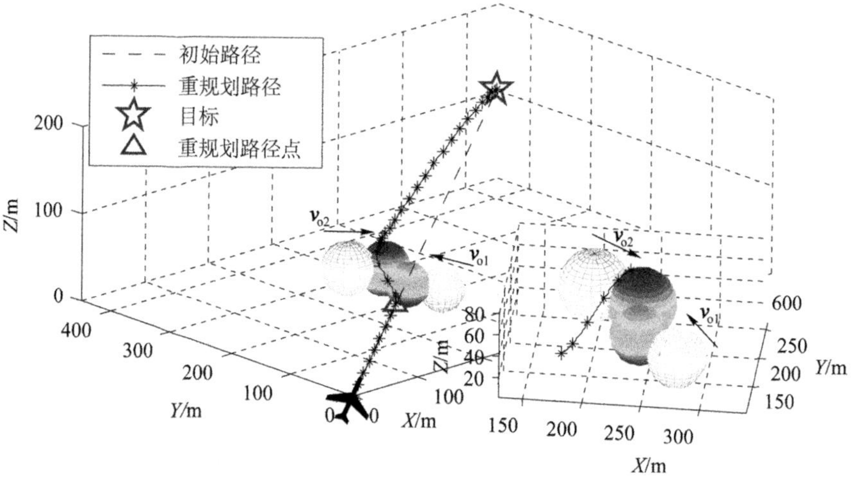

图 4-12　UAV 对多威胁障碍物避碰仿真结果

基于现有 UAV 空间避障方法能够计算出 UAV 在水平面(horizontal plane,hp)内的最小速度矢量偏转方向为 $Q_{avo\text{-}hp}$(5.80°,9.83°),在纵向平面(vertical plane, vp)内的最小速度矢量偏转方向为 $Q_{avo\text{-}vp}$(33.7°,19.1°)。那么,对比基于空间速度障碍球冠的保角映射分析法确定的最优速度矢量偏转方向为 Q_{avo}(30.7°,15.4°),UAV 速度矢量因避碰所机动的空间角度大小如表 4-3 所列。

表 4-3　基于不同避障方法确定的避障方向角和空间机动角度大小

角　度	水平面	纵向平面	空间避障
避障方向角/(°)	(5.80,9.83)	(33.7,19.1)	(30.7,15.4)
避障偏转角/(°)	27.9	9.30	6.33

表 4-3 中的空间机动角度为 UAV 当前速度矢量和避碰速度矢量之间的夹角大小,对比表 4-3 中的空间机动角度大小,可得出基于空间速度障碍球冠的保角映射分析法能够确定 UAV 空间避碰的最优速度矢量方向。

第5章　一种三维空间动态不确定UAV自主避障算法研究

5.1 概　述

随着UAV在军事和民用领域的大量应用，UAV的飞行安全成为了人们关注的焦点。在动态不确定环境中，UAV感知到周围环境中存在的动静态障碍物，如何确保UAV安全、有效地规避感知到的威胁动静态障碍物，成为UAV关键技术研究的重要方面之一。许多学者希望通过升级UAV的自主避障系统，提升UAV对威胁动静态障碍物避碰的有效性，降低UAV在复杂环境中执行任务的损失率。而自主避障系统的升级关键在于提升UAV自主避障算法的性能，性能良好的自主避障算法能够实现UAV在复杂环境下对动静态威胁障碍物的避碰，且能够应对来自复杂环境中的动态不确定性，以及"潜在"威胁障碍物对UAV避碰的影响。然而，现有文献鲜有对考虑动态不确定性情况下的UAV自主避障和UAV对威胁障碍物避碰过程中考虑"潜在"威胁障碍物的影响这两个方面进行研究。

为提升UAV自主避障系统的性能，本章从考虑动态不确定性情况下的UAV自主避障和考虑"潜在"威胁障碍物对UAV避碰的影响这两个方面，设计相应的三维空间UAV自主避障算法。因此，在第4章提出的空间障碍球冠法的基础上，建立三维空间动态不确定速度障碍模型，提出一种三维空间动态不确定UAV自主避障算法，并通过不确定空间障碍球冠保角映射分析法，得到UAV在考虑不确定性情况下的空间最优避碰速度矢量方向；另外，还建立了复杂环境下已知障碍物的分级讨论模型，基于空间障碍球冠法，将感知到的"潜在"威胁障碍物对UAV避碰影响考虑到避碰模型中，提高UAV对威胁障碍物避碰的安全性。

5.2 三维空间动态不确定速度障碍模型的建立

5.2.1 三维空间动态不确定性的表示

近年来，UAV被大量地应用于执行艰巨危险的任务。那么，为提升UAV在复杂动态不确定环境下执行任务过程中的安全性，需要考虑UAV自身携带的障碍感知模块在感知动静态障碍物时存在一定的测量误差，以及感知到的动态威胁障碍物具有一定的机动性。因此，UAV在对动静态威胁障碍物进行避碰时，需要将这些动态不确定性考虑到 UAV 的空间避障模型内，以提高 UAV 自主避障算法的可靠性和 UAV 安全高效地执行任务的能力。为此，在三维空间速度障碍模型的基础上，建立三维空间动态不确定速度障碍模型(3 - Dimensional Dynamic Velocity Obstacle Model, 3 - DDVOM)。

对复杂环境中的动态不确定性表示是建立三维空间动态不确定速度障碍模型的关键，且动态不确定性的表示方式将直接影响 UAV 的三维空间动态不确定速度障碍模型的复杂程度。因此，将复杂环境中的动态不确定进行转化，通过威胁障碍物速度矢量 $\boldsymbol{v}_{\mathrm{o}}$ 的方向角偏差对障碍感知模块的测量误差和动态障碍物的机动性进行表示。为简化三维空间速度障碍模型的建立，通过 UAV 不考虑不确定性时实测障碍物的速度矢量 $\boldsymbol{v}_{\mathrm{o\_detect}}$ 的方向角 $F_{\boldsymbol{v}_{\mathrm{o\_detect}}}(\varphi_{\mathrm{o\_detect}},\theta_{\mathrm{o\_detect}})$ 与考虑动态不确定性的障碍物速度矢量 $\boldsymbol{v}_{\mathrm{o}}^{*}$ 的方向角 $F_{\boldsymbol{v}_{\mathrm{o}}^{*}}(\varphi_{\mathrm{o}}^{*},\theta_{\mathrm{o}}^{*})$ 之间的 $\mathbf{R}^2$ 内积空间对动态不确定性进行表示，即动态不确定性可表示为

$$0 \leqslant \| F_{\boldsymbol{v}_{\mathrm{o}}^{*}} - F_{\boldsymbol{v}_{\mathrm{o\_detect}}} \| \leqslant \delta \tag{5-1}$$

$$\| F_{\boldsymbol{v}_{\mathrm{o}}^{*}} - F_{\boldsymbol{v}_{\mathrm{o\_detect}}} \| = \sqrt{(F_{\boldsymbol{v}_{\mathrm{o}}^{*}} - F_{\boldsymbol{v}_{\mathrm{o\_detect}}}, F_{\boldsymbol{v}_{\mathrm{o}}^{*}} - F_{\boldsymbol{v}_{\mathrm{o\_detect}}})} \tag{5-2}$$

式中，$\| F_{\boldsymbol{v}_{\mathrm{o}}^{*}} - F_{\boldsymbol{v}_{\mathrm{o\_detect}}} \|$ 为速度矢量 $\boldsymbol{v}_{\mathrm{o\_detect}}$ 与 $\boldsymbol{v}_{\mathrm{o}}^{*}$ 之间的夹角；δ 为设定的最大动态不确定度。

根据式(5 - 1)的几何含义，可对考虑动态不确定性的障碍物速度矢量 $\boldsymbol{v}_{\mathrm{o}}^{*}$ 可能的取值区域范围进行表示，相应的示意图如图 5 - 1 所示。

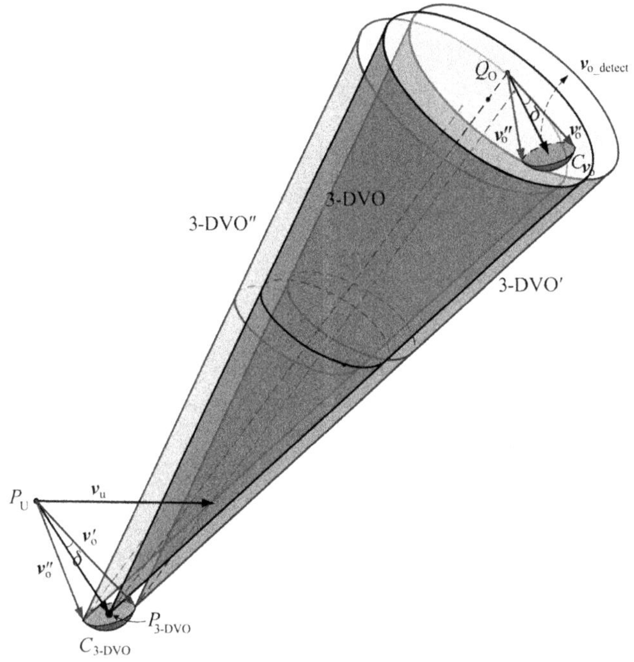

图 5 - 1　动态不确定性表示示意图

在图 5-1 中，以 3-DVO 上的障碍物位置坐标 Q_O 为速度矢量 $\boldsymbol{v}_o^*$ 的起点，则考虑动态不确定障碍物的速度矢量 $\boldsymbol{v}_o^*$ 终点为一空间的球冠面 C_{v_o}，相应的空间球冠面的底部圆面的法矢量为 $\boldsymbol{v}_{o\_detect}$，圆面的圆心 P_C 和半径 r_C 可分别确定为

$$P_C = Q_O + \boldsymbol{v}_{o\_detect}\cos\delta \tag{5-3}$$

$$r_C = v_o \sin\delta \tag{5-4}$$

那么，位于空间球冠面 C_{v_o} 上的动态不确定障碍物速度矢量 $\boldsymbol{v}_o^*$ 的方向角 φ_o^* 和 θ_o^* 的取值范围可表示为

$$\varphi_o^* \in [\varphi_{o\_detcet} - \delta, \varphi_{o\_detcet} + \delta]$$

$$\theta_o^* \in [\theta_{o\_detcet} - \delta, \theta_{o\_detcet} + \delta]$$

同时，动态不确定障碍物速度矢量 $\boldsymbol{v}_o^*$ 的方向角 φ_o^* 和 θ_o^* 也要满足式(5-1)和式(5-2)的约束条件。根据位于空间球冠面 C_{v_o} 上的障碍物速度矢量 $\boldsymbol{v}_o^*$，实现了对 UAV 在复杂环境下执行任务过程中的动态不确定性表示，故称其为不确定性球冠面 C_{v_o}。

三维空间速度障碍由三维空间碰撞锥转化得到，因此根据不确定性球冠面 C_{v_o} 可确定动态不确定三维空间速度障碍 3-DVO* 的顶点 $P_{3\text{-DVO}}^*$ 集合也为一空间球冠面 $C_{3\text{-DVO}}$。而空间球冠面 $C_{3\text{-DVO}}$ 能够确立所有动态不确定三维空间速度障碍 3-DVO* 的集合为∪3-DVO，即可表述为

$$\bigcup 3\text{-DVO} = \{3\text{-DVO}^* \mid P_{3\text{-DVO}}^* \in C_{3\text{-DVO}}\}$$

由于空间球冠面 $C_{3\text{-DVO}}$ 能够代表不确定三维空间速度障碍 3-DVO* 的集合∪3-DVO，故称顶点 $P_{3\text{-DVO}}^*$ 的空间球冠面 $C_{3\text{-DVO}}$ 为动态不确定性集 $C_{3\text{-DVO}}$。根据不确定性球冠面 C_{v_o} 与动态不确定性集 $C_{3\text{-DVO}}$ 之间的转换关系，动态不确定性集 $C_{3\text{-DVO}}$ 可定义如下。

定义 5-1 动态不确定性集 $C_{3\text{-DVO}}$ 由不确定性球冠面 C_{v_o} 转化得到，对应于不确定性球冠面 C_{v_o} 上所有障碍物速度矢量产生的空间速度障碍顶点的集合，$C_{3\text{-DVO}}$ 的底部圆面半径大小 $r_{C_{3\text{-DVO}}}$、圆面的倾斜角度分别与 C_{v_o} 的底部圆面半径 r_C、圆面的倾斜角度相等。

5.2.2 三维空间动态不确定速度障碍模型的建立

在 5.2.1 小节对复杂环境下的动态不确定性进行了表达，确定了障碍物速度矢量的动态不确定空间球冠面 C_{v_o} 和动态不确定性集 $C_{3\text{-DVO}}$，并得到了考虑动态不确定性后的三维空间速度障碍的集合∪3-DVO。从图 5-1 中可以看出，考虑动态不确定性后的三维空间速度障碍∪3-DVO 为顶点位于动态不确定性集 $C_{3\text{-DVO}}$ 上的三维空间速度障碍 3-DVO* 的叠加，则∪3-DVO 为不规则的三维空间几何体，且很难在初始三维空间速度障碍 3-DVO 的基础上对∪3-DVO 进行建模。为建立 UAV 的∪3-DVO 避碰模型，对∪3-DVO 进行相应的几何处理，使得经过几何处

理后的⋃3－DVO 能够在初始三维空间速度障碍 3－DVO 的基础上建立 UAV 的避障模型。

充分地利用初始三维空间速度障碍 3－DVO 的已知条件，能够简化 UAV 对⋃3－DVO 模型的建立。另外，在对⋃3－DVO 进行几何处理的过程中，需要满足经几何处理后的三维空间不确定速度障碍 $3-DVO^+$ 覆盖⋃3－DVO 的前提条件。因此，以初始三维空间速度障碍 3－DVO 的顶点 $P_{3\text{-DVO}}$ 为球心、顶点 $P_{3\text{-DVO}}$ 到动态不确定性集 $C_{3\text{-DVO}}$ 的底部圆面上最大距离为半径 r_S，作球 $S_{P_{3\text{-DVO}}}$，如图 5－2 所示。此时，动态不确定性集 $C_{3\text{-DVO}}$ 与 $S_{P_{3\text{-DVO}}}$ 之间满足如下关系式：

$$C_{3\text{-DVO}} \subset S_{P_{3\text{-DVO}}} \tag{5-5}$$

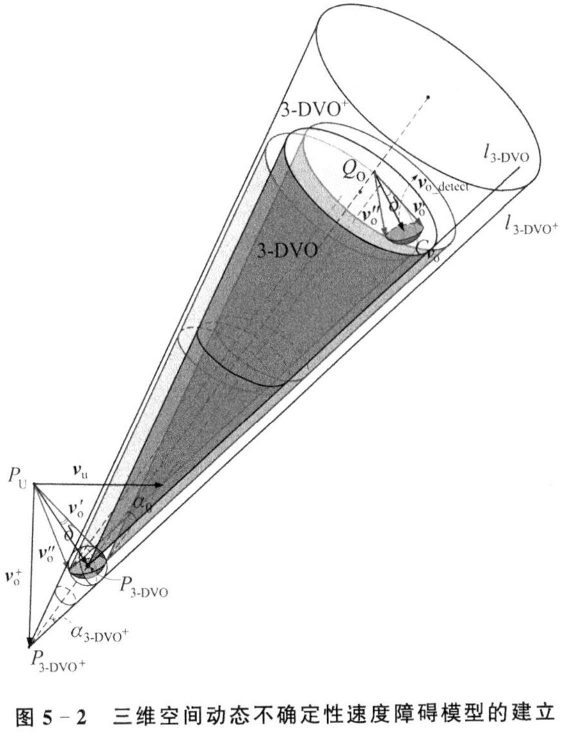

图 5－2　三维空间动态不确定性速度障碍模型的建立

由于动态不确定性集 $C_{3\text{-DVO}}$ 的底部圆面法向量为 $\boldsymbol{v}_{o\_detect}$，则顶点 $P_{3\text{-DVO}}$ 到动态不确定性集 $C_{3\text{-DVO}}$ 的底部圆面最短距离 $d_{\min}$ 可确定为

$$d_{\min} = v_{o\_detect}(1-\cos\delta) \tag{5-6}$$

那么，初始三维空间速度障碍 3－DVO 的顶点 $P_{3\text{-DVO}}$ 到动态不确定性集 $C_{3\text{-DVO}}$ 的底部圆面上的最大距离可以被求解，即根据 $d_{\min}$ 和动态不确定性集 $C_{3\text{-DVO}}$ 的底部圆面半径 $r_{C_{3\text{-DVO}}}$ 可得到球 $S_{P_{3\text{-DVO}}}$ 的半径 r_S 为

$$r_S = \sqrt{d_{\min}^2 + r_{C_{3\text{-DVO}}}^2} \tag{5-7}$$

根据式(5－5)可得出，球 $S_{P_{3\text{-DVO}}}$ 满足了覆盖动态不确定性集 $C_{3\text{-DVO}}$ 的约束条

件。为在初始三维空间速度障碍 3－DVO 的基础上，对考虑动态不确定性后的三维空间速度障碍∪3－DVO 进行建模，延长空间位置矢量 $\overrightarrow{Q_O P_{3\text{-DVO}}}$，作平行于 $l_{3-\text{DVO}}$ 的空间直线 $l_{3\text{-DVO}^+}$ 并与球 $S_{P_{3\text{-DVO}}}$ 相切。其中，空间射线 $l_{3\text{-DVO}}$ 为初始三维空间速度障碍 3－DVO 的一条母线。同时，空间直线 $l_{3\text{-DVO}^+}$ 与延长的空间位置矢量 $\overrightarrow{Q_O P_{3\text{-DVO}}}$ 相交于点 $P_{3\text{-DVO}^+}$，即点 $P_{3\text{-DVO}^+}$ 与空间直线 $P_{3\text{-DVO}}Q_O$ 满足如下关系式：

$$P_{3\text{-DVO}^+} \in P_{3\text{-DVO}}Q_O$$

那么，过点 $P_{3-\text{DVO}^+}$ 作球 $S_{P_{3\text{-DVO}}}$ 的切线，则所有的切线形成三维空间锥面，三维空间锥面所包含的空间几何体称为对∪3－DVO 进行几何处理后的三维空间速度障碍，记作 3－DVO$^+$，且 3－DVO$^+$ 的顶点为 $P_{3\text{-DVO}^+}$。因此，经几何处理后的三维空间速度障碍 3－DVO$^+$ 具有与初始三维空间速度障碍 3－DVO 相类似的几何形状，且 3－DVO$^+$ 与 3－DVO 之间具有如下结论：

结论 5－1 经几何处理后的三维空间速度障碍 3－DVO$^+$ 与初始三维空间速度障碍 3－DVO 共轴线、顶角相等，且满足∪3－DVO⊂3－DVO$^+$。另外，经几何处理后得到的三维空间速度障碍 3－DVO$^+$ 是与初始三维空间速度障碍 3－DVO 共轴线，且满足覆盖∪3－DVO 约束条件的最小三维空间速度障碍。

证明：由空间几何作图可得，3－DVO$^+$ 与 3－DVO 之间共轴线 $P_{3\text{-DVO}}Q_O$，有相等的顶角 α_o；由于动态不确定性集满足约束条件 $C_{3\text{-DVO}} \subset S_{P_{3\text{-DVO}}}$，且 3－DVO$^+$ 的母线 $l_{3\text{-DVO}^+}$ 平行于 3－DVO 的母线 $l_{3\text{-DVO}}$，故∪3－DVO⊂3－DVO$^+$。根据所作的不确定性球 $S_{P_{3\text{-DVO}}}$ 的半径 r_S 可知，r_S 的取值刚好使得所作的不确定性球 $S_{P_{3\text{-DVO}}}$ 能够包含动态不确定集 $C_{3\text{-DVO}}$。而当 r_S 取较小的值时，不满足 3－DVO$^+$ 覆盖∪3－DVO 的约束条件；当 r_S 取较大的值时，经几何处理后得到的 3－DVO$^+$ 将随着 r_S 的取值变大。因此，经几何处理后得到的三维空间速度障碍 3－DVO$^+$ 是与初始三维空间速度障碍 3－DVO 共轴线，且满足覆盖∪3－DVO 约束条件的最小三维空间速度障碍，证毕。

为简化考虑动态不确定性情况下 UAV 自主避障模型的建立，在 3－DVO 的基础上对∪3－DVO 进行了几何处理，得到了不确定三维空间速度障碍 3－DVO$^+$ 模型。那么，可以根据初始 3－DVO 模型的几何参数，对不确定三维空间速度障碍 3－DVO$^+$模型的参数进行求解。根据结论 5－1 可以得到不确定三维空间速度障碍 3－DVO$^+$的半顶角 $\alpha_{3\text{-}DVO^+}$ 的大小为

$$\alpha_{3\text{-DVO}^+} = \alpha_{3\text{-DVO}} = \alpha_o \tag{5-8}$$

那么，根据不确定性球 $S_{P_{3\text{-DVO}}}$ 的半径 r_S 和3－DVO$^+$ 的半顶角 $\alpha_{3\text{-DVO}^+}$ 的大小，3－DVO$^+$的顶点 $P_{3\text{-DVO}^+}$ 与 3－DVO 的顶点 $P_{3\text{-DVO}}$ 之间的距离 $P_{3\text{-DVO}^+}P_{3\text{-DVO}}$ 相应地可确定为

$$P_{3\text{-DVO}^+}P_{3\text{-DVO}} = \frac{r_S}{\sin \alpha_{3\text{-DVO}^+}} = \frac{v_{o\_\text{detect}}\sqrt{2(1-\cos\delta)}}{\sin \alpha_o} \tag{5-9}$$

则3 - DVO$^+$的三维空间动态不确定相对位置距离 $d_{3\text{-DVO}^+}$ 为

$$d_{3\text{-DVO}^+} = P_{3\text{-DVO}^+} P_{3\text{-DVO}} + d_o \tag{5-10}$$

另外,依据已知的初始三维空间速度障碍 3 - DVO 参数,可确定 3 - DVO 的轴线 $P_{3\text{-DVO}}Q_O$ 上的单位矢量 $\boldsymbol{n}_{\overrightarrow{P_{3\text{-DVO}}Q_O}}$ 为

$$\boldsymbol{n}_{\overrightarrow{P_{3\text{-DVO}}Q_O}} = \frac{\overrightarrow{P_{3\text{-DVO}}Q_O}}{\| \overrightarrow{P_{3\text{-DVO}}Q_O} \|} = \frac{Q_O - P_{3\text{-DVO}}}{d_o} \tag{5-11}$$

从而,矢量 $\overrightarrow{P_{3\text{-DVO}^+} P_{3\text{-DVO}}}$ 可表示为

$$\overrightarrow{P_{3\text{-DVO}^+} P_{3\text{-DVO}}} = P_{3\text{-DVO}^+} P_{3\text{-DVO}} \cdot \boldsymbol{n}_{\overrightarrow{P_{3\text{-DVO}}Q_O}} \tag{5-12}$$

这样,不确定三维空间速度障碍 3 - DVO$^+$ 的顶点 $P_{3\text{-DVO}^+}$ 可表示为

$$P_{3\text{-DVO}^+} = P_{3\text{-DVO}} - \overrightarrow{P_{3\text{-DVO}^+} P_{3\text{-DVO}}} \tag{5-13}$$

此时,在考虑复杂环境中的动态不确定性情况下,已知障碍物的动态不确定速度矢量 $\boldsymbol{v}_o^+$ 可确定为

$$\boldsymbol{v}_o^+ = \boldsymbol{v}_{o\_detect} - \overrightarrow{P_{3\text{-DVO}^+} P_{3\text{-DVO}}} \tag{5-14}$$

同时,在考虑复杂环境中的动态不确定性情况下,UAV 与障碍物之间的相对速度矢量 $\boldsymbol{v}_{uo}^+$ 为

$$\boldsymbol{v}_{uo}^+ = \boldsymbol{v}_u - \boldsymbol{v}_o^+ \tag{5-15}$$

根据式(5 - 10)、式(5 - 12)和式(5 - 15),相对速度矢量 $\boldsymbol{v}_{uo}^+$ 与不确定三维空间速度障碍 3 - DVO$^+$ 的轴线矢量 $\overrightarrow{P_{3\text{-DVO}^+} Q_O}$ 之间的夹角 α^+ 可确定为

$$\begin{aligned}\alpha^+ &= \arccos \frac{\boldsymbol{v}_{uo}^+ \cdot \overrightarrow{P_{3\text{-DVO}^+} Q_O}}{\| \boldsymbol{v}_{uo}^+ \| \, \| \overrightarrow{P_{3\text{-DVO}^+} Q_O} \|} \\ &= \arccos \frac{(\boldsymbol{v}_u - \boldsymbol{v}_o^+) \cdot (\overrightarrow{P_{3\text{-DVO}^+} P_{3\text{-DVO}}} + \overrightarrow{P_{3\text{-DVO}}Q_O})}{\| \boldsymbol{v}_{uo}^+ \| (P_{3\text{-DVO}^+} P_{3\text{-DVO}} + d_o)}\end{aligned} \tag{5-16}$$

相应的已知障碍物动态不确定半径 R^+ 可表示为

$$R^+ = R + r_S \tag{5-17}$$

不确定三维空间速度障碍 3 - DVO$^+$ 的参数能够由式(5 - 8)～式(5 - 17)进行求解,则考虑动态不确定性的三维空间速度障碍模型可以被建立。那么,动态不确定三维空间速度障碍模型的建立为 UAV 在复杂环境下实现自主避障奠定了基础。

5.3 动态不确定环境下三维空间 UAV 自主避障算法

5.3.1 基于 3 - DDVOM 的动态不确定空间速度障碍球冠法

为实现 UAV 在三维空间中对威胁障碍物的避碰,在 4.3 节基于三维空间速度

障碍 3-DVO 的模型提出了空间速度障碍球冠法。空间速度障碍球冠法通过威胁障碍物产生的障碍球冠的参数，量化了已知威胁障碍物对 UAV 飞行的影响。另外，在空间障碍球冠法的基础上，采用保角映射分析法确立了 UAV 在三维空间避障的最优速度矢量方向。因此，在考虑复杂环境中的动态不确定情况下，基于三维空间动态不确定速度障碍模型(3-DDVOM)，应用空间速度障碍球冠法对 UAV 在动态不确定环境下的自主避障进行研究。

在 5.2.2 小节建立的三维空间动态不确定速度障碍模型的基础上，以 UAV 的位置坐标 P_{U} 为圆心、UAV 的速度矢量大小 $\boldsymbol{v}_{\mathrm{u}}$ 为半径，作速度球 $S_{P_{\mathrm{U}}}$。速度球 $S_{P_{\mathrm{U}}}$ 与不确定三维空间速度障碍 3-DVO^{+} 相交，如图 5-3 所示。那么，将这种通过位于不确定三维空间速度障碍 3-DVO^{+} 内的球冠大小 G^{+} 来量化威胁障碍物影响的方法称为动态不确定空间速度障碍球冠法。

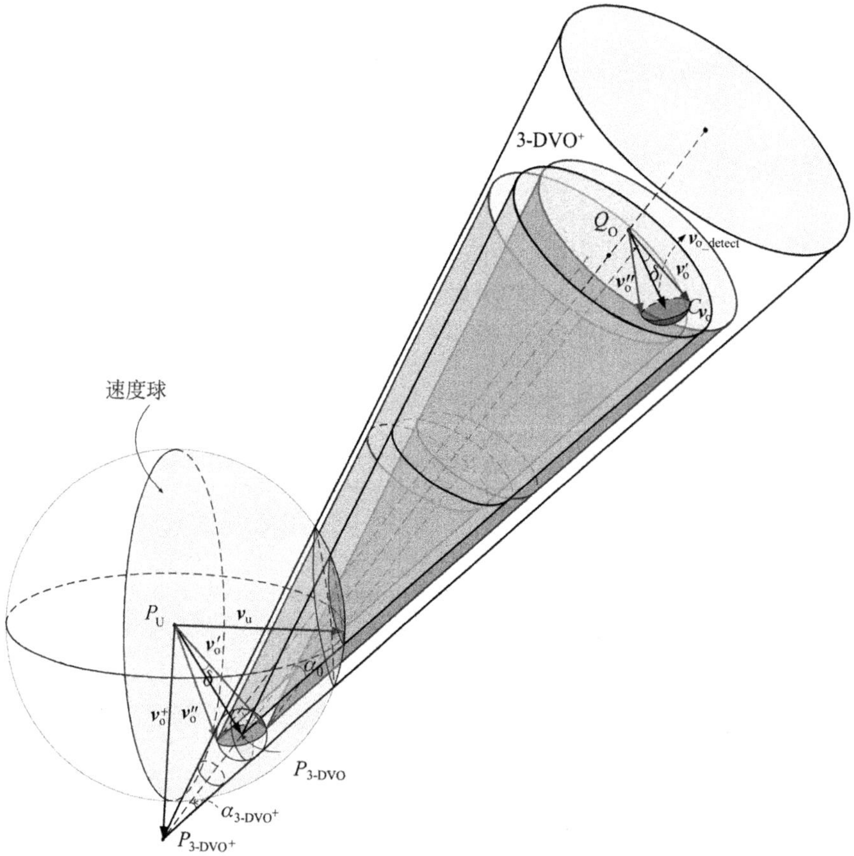

图 5-3 考虑动态不确定性后的 SC 变化情况

同样，为衡量已知威胁障碍物对 UAV 的飞行影响大小，采用球冠 G^{+} 的四个参数 r^{+}、$\varphi_{r^{+}}$、$\theta_{r^{+}}$ 和 γ^{+} 进行量化分析。在 4.3.1 小节给出了空间速度障碍球冠的参数求解方法，但当考虑动态不确定性情况下，三维空间速度障碍 3 - DVO 模型的参数发生变化。因此，下面在 5.2.2 小节建立的三维空间动态不确定速度障碍 3 - DVO$^+$ 模型的基础上，对不确定球冠 $G^+(r^+, \varphi_{r^+}, \theta_{r^+}, \gamma^+)$ 进行求解。

球冠大小 G^+ 的参数求解需要确定 UAV 的避障临界状态点 A_1^+ 和 A_2^+，图 5 - 4 给出了考虑动态不确定性后的 UAV 避障临界点示意图。而避障临界状态点 A_1^+ 和 A_2^+ 的求解为确定球冠 G^+ 大小和方向的关键，根据 5.2.2 小节求解的三维空间不确定速度障碍 3 - DVO$^+$ 的参数，以及图 5 - 4 中空间矢量之间的几何关系，可得到相应的几何关系方程为

$$\cos(\alpha_{3\text{-DVO}^+} - \alpha^+) = \frac{\boldsymbol{v}_{uo}^+ \cdot \overrightarrow{P_{3\text{-DVO}^+} A_1^+}}{v_{uo}^+ \| \overrightarrow{P_{3\text{-DVO}^+} A_1^+} \|} \tag{5-18}$$

$$\cos \alpha_{3\text{-DVO}^+} = \frac{\overrightarrow{P_{3\text{-DVO}^+} Q_O} \cdot \overrightarrow{P_{3\text{-DVO}^+} A_1^+}}{d_{3\text{-DVO}^+} \| \overrightarrow{P_{3\text{-DVO}^+} A_1^+} \|} \tag{5-19}$$

$$\cos(\pi - \langle \boldsymbol{v}_o^+, \overrightarrow{P_{3\text{-DVO}^+} A_1^+} \rangle) = \frac{\| \overrightarrow{P_{3\text{-DVO}^+} A_1^+} \|^2 + v_o^{+2} - v_u^2}{2v_o^+ \| \overrightarrow{P_{3\text{-DVO}^+} A_1^+} \|} \tag{5-20}$$

$$\cos \langle \boldsymbol{v}_o^+, \overrightarrow{P_{3\text{-DVO}^+} A_1^+} \rangle = \frac{\boldsymbol{v}_o^+ \cdot \overrightarrow{P_{3\text{-DVO}^+} A_1^+}}{v_o^+ \| \overrightarrow{P_{3\text{-DVO}^+} A_1^+} \|} \tag{5-21}$$

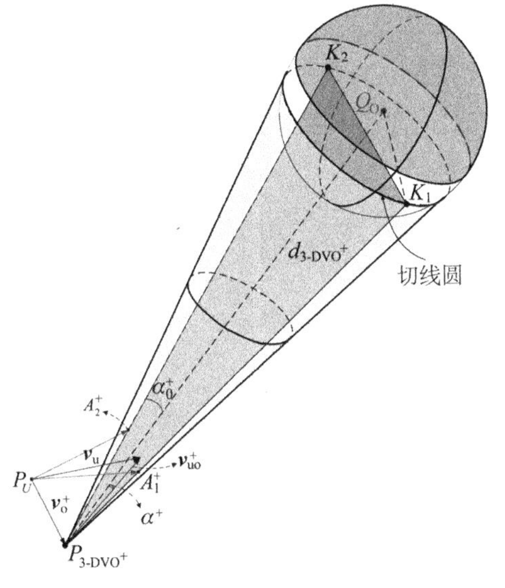

图 5 - 4　考虑动态不确定性后的 UAV 避障临界状态点

那么，根据式(5 - 18)～式(5 - 21)可求解出不确定避障临界状态点 $A_1^+(x_1{}^+, y_1{}^+, z_1{}^+)$ 的坐标，临界状态点 $A_2^+(x_2{}^+, y_2{}^+, z_2{}^+)$ 的坐标也可类似确定。此时，在考虑复杂环境中动态不确定性影响的情况下，不确定避障临界状态点 A_1^+ 对

应于单个威胁障碍物 O 的避碰时，UAV 速度矢量偏转空间角度最小的情形；以及不确定避障临界状态点 A_2^+ 对应于单个威胁障碍物 O 的避碰时，UAV 速度矢量偏转空间角度最大的情形。

因此，由求解的不确定避障临界状态点 A_1^+ 和 A_2^+，球冠 G^+ 的四个参数 r^+、φ_{r^+}、θ_{r^+} 和 γ^+ 可确定为

$$C_o^+ = \frac{A_1^+ + A_2^+}{2} \tag{5-22}$$

$$\overrightarrow{P_U C_o^+} = C_o^+ - P_U = (x_{\overrightarrow{P_U C_o^+}},\ y_{\overrightarrow{P_U C_o^+}},\ z_{\overrightarrow{P_U C_o^+}}) \tag{5-23}$$

$$r^+ = \| \overrightarrow{P_U C_o^+} \| \tag{5-24}$$

$$\cos \varphi_r^+ = \frac{x_{\overrightarrow{P_U C_o^+}}}{\sqrt{x^2_{\overrightarrow{P_U C_o^+}} + y^2_{\overrightarrow{P_U C_o^+}}}} \tag{5-25}$$

$$\cos \theta_r^+ = \frac{z_{\overrightarrow{P_U C_o^+}}}{\sqrt{x^2_{\overrightarrow{P_U C_o^+}} + y^2_{\overrightarrow{P_U C_o^+}} + z^2_{\overrightarrow{P_U C_o^+}}}} \tag{5-26}$$

$$\sin \gamma^+ = \frac{\| \overrightarrow{A_1^+ A_2^+} \|}{2v_u} \tag{5-27}$$

根据用于表达球冠 G^+ 大小和方向的四个参数 r^+、φ_{r^+}、θ_{r^+} 和 γ^+ 空间几何含义，其相应的取值范围可确定为 $r^+ \in [0, v_u]$、$\varphi_{r^+} \in [-\pi, \pi]$、$\theta_{r^+} \in [-\pi/2, \pi/2]$、$\gamma^+ \in [0, \pi]$。不确定球冠 G^+ 在速度球上的表示如图 5-5 所示。这样，在考虑复杂环境中动态不确定性影响的情况下，已知威胁障碍物对 UAV 飞行的影响通过速度球 S_{P_U} 上的不确定球冠 G^+ 大小和方向进行了表示，完成了已知威胁障碍物对 UAV 飞行影响的转化。因此，UAV 在执行任务过程中，可根据速度球上的不确定球冠

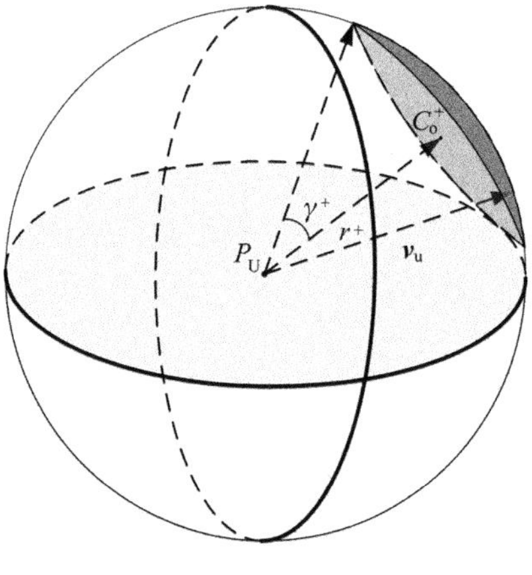

图 5-5 不确定球冠 G^+ 在速度球上的表示

G^+ 大小和方向，实现 UAV 在考虑动态不确定性下对遭遇的威胁障碍物避碰。特别地，当 UAV 同时遭遇多个威胁障碍物时，动态不确定空间速度障碍球冠法能够解决现有空间避障算法[70-71]无法处理不确定多威胁障碍物避碰问题，且对不确定多威胁障碍物避碰问题的求解与分析较为简单、直观。

5.3.2 不确定空间速度障碍球冠保角映射分析法

在空间速度障碍球冠参数求解法的基础上，5.3.1 小节推导求解了不确定空间速度障碍球冠 $G^+(r^+, \varphi_{r^+}, \theta_{r^+}, \gamma^+)$ 的四个未知参数。同样，在考虑复杂环境中动态不确定性影响的情况下，采用保角映射的方法对不确定空间速度障碍球冠 G^+ 进行分析，实现 UAV 在动态不确定环境下对威胁障碍物的避碰，求解出避障的最优速度矢量方向，并称其为不确定空间速度障碍球冠保角映射分析法。

不确定空间速度障碍球冠保角映射分析法采用与 4.3.2 小节空间障碍球冠保角映射分析法相同的分析思路，故不再对不确定空间速度障碍球冠保角映射分析法进行详细叙述。下面通过保角映射分析法，对比分析考虑复杂环境中动态不确定性影响前后的空间速度障碍球冠变化。

根据求解的考虑动态不确定性前后空间速度障碍球冠参数，基于保角映射分析法，可分别将其保角映射到平面角度坐标系上，考虑动态不确定性前后的空间速度障碍球冠 G 和 G^+ 保角映射如图 5－6 所示。首先，可通过比较求解的考虑动态不确定性前后空间速度障碍球冠参数 $G(r, \varphi_r, \theta_r, \gamma)$、$G^+(r^+, \varphi_{r^+}, \theta_{r^+}, \gamma^+)$，确定空间速度障碍球冠的大小和位置。结合示意图 5－3 和图 5－6，可以从几何上直观地分析考虑动态不确定性前后的空间速度障碍球冠变化。

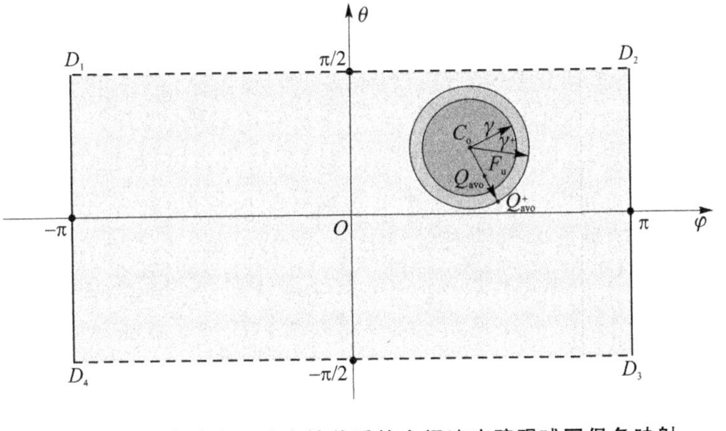

图 5－6　考虑动态不确定性前后的空间速度障碍球冠保角映射

在图 5－3 中，三维空间速度障碍 3－DVO 和 3－DVO^+ 分别与速度球 S_{P_U} 相交，相应的空间速度障碍球冠分别为 G 和 G^+。由结论 5－1 可知，考虑动态不确定性前后的三维空间速度障碍共轴线，且满足 3－DVO$\subset$3－DVO^+ 的约束条件。那么，考虑动态不确定性前后的空间速度障碍球冠 G 和 G^+ 之间满足如下关系式：

$$G \subset G^+$$

且球冠参数 r 与 r^+、γ 与 γ^+ 之间的大小关系为

$$r > r^+, \quad \gamma < \gamma^+$$

根据求解的空间速度障碍球冠参数，通过保角映射分析法可将考虑动态不确定性前后的空间速度障碍球冠 G 和 G^+ 表示在二维平面角度坐标系 $O\varphi\theta$ 上。在图 5-6 中，内圆 $\odot C_o$（以 C_o 为圆心、r 为半径的圆）为空间速度障碍球冠 G 的保角映射区域；外圆 $\odot C_o^+$（以 C_o 为圆心、γ^+ 为半径的圆）为考虑动态不确定性后的空间速度障碍球冠 G^+ 的保角映射区域。从图中可直观地看出，外圆 $\odot C_o^+$ 覆盖了内圆 $\odot C_o$，说明了考虑动态不确定后的空间速度障碍球冠变大，即对 UAV 的飞行影响变大，增加了 UAV 不可行的速度矢量 $\boldsymbol{v}_u$ 方向范围。为此，较考虑动态不确定性前的威胁障碍物避碰，UAV 要实现在动态不确定环境中的威胁障碍物避碰，UAV 的速度矢量 $\boldsymbol{v}_u$ 需偏转更大的角度。

5.3.3　基于不确定空间速度障碍球冠保角映射分析法的 UAV 最优避障

为实现 UAV 对考虑动态不确定性后威胁障碍物的避碰，需要将 UAV 的速度矢量 $\boldsymbol{v}_u$ 方向 $F_u(\varphi_u, \theta_u)$ 移出不确定空间速度障碍球冠保角映射区域 $\odot C_o^+$。另外，确定 UAV 在考虑动态不确定性下的最优避障速度矢量方向，采用与 4.3.2 小节相类似的方法，可分别求解出在三维空间、水平面和铅垂面上的最小偏转角。

通常情况下，现有的三维空间避障算法通过在水平面和铅垂面上投影，对 UAV 的空间避障速度矢量方向进行求解。但降维投影的避障分析方式局限性较大，处理多威胁障碍物避碰问题较为复杂，很难分析求解考虑动态不确定性下的空间避障问题。而在第 4 章提出的空间障碍球冠分析法直接从三维空间解决 UAV 的避障问题，特别在三维空间多威胁障碍物避碰问题上，能够降低求解多威胁障碍物避碰方向的复杂度，且基于保角映射分析法确定了三维空间最优避障方向，即 UAV 实现对威胁障碍物的避碰并付出最小的速度矢量方向偏转代价。另外，在建立的三维空间动态不确定速度障碍模型的基础上，提出的不确定空间障碍球冠法解决了 UAV 在复杂环境下动态不确定威胁障碍物避碰问题。

为确定考虑动态不确定性下的 UAV 自主避障最优速度矢量方向，5.3.2 小节给出了基于不确定空间速度障碍球冠保角映射分析法。该方法是空间速度障碍球冠保角映射法的拓展与延续，用于解决在复杂环境下考虑动态不确定性的三维空间 UAV 自主避障问题。将考虑动态不确定性后的 SC 进行保角映射，如图 5-6 所示。图 5-6 中外圆 $\odot C_o^+$ 在内圆 $\odot C_o$ 以外扩展的带状区域为考虑动态不确定性后增加的不可行速度矢量方向范围，为实现 UAV 在考虑动态不确定性情况下的威胁障碍物避碰，需要将 UAV 的速度矢量方向 $F_u(\varphi_u, \theta_u)$ 平移出带状区域。那么，基于不确定空间障碍球冠保角映射分析法就可以实现 UAV 最优避碰，相应的空间最小避障

偏转方向可确定为$Q^{+}_{\text{avo}}(\varphi^{+}_{\text{avo}},\theta^{+}_{\text{avo}})$。对于考虑动态不确定性影响的情况下多威胁障碍物的避碰问题,可采用相同的SC保角映射分析法确定最优避碰方向。

5.4　复杂动态环境下已知障碍物的分级讨论及其避障分析

5.4.1　已知障碍物的分级讨论

UAV在复杂环境下执行任务的过程中,可能会感知到周围环境中存在的动静态障碍物。当UAV只感知到单个障碍物时,该障碍物威胁性的判定可作为UAV是否需要避障的准则。当障碍物具有威胁时,UAV需要进行单威胁障碍物避碰;当障碍物不具有威胁时,UAV的当前航迹安全可飞行。如果UAV同时感知到多个周围环境中的多个动静态障碍物,则UAV面临的威胁情况较为复杂,需要确定感知到的每个障碍物威胁性。UAV的当前飞行航迹安全可飞行的约束条件为

$$\forall i \in N,\quad \alpha_i \geqslant \alpha_{o_i}$$

如果UAV的当前飞行航迹不安全,即UAV需要对感知到的障碍物进行避碰,那么其结束条件为

$$\exists i \in N,\quad \alpha_i < \alpha_{o_i}$$

因此,当UAV感知到的多个动静态障碍物中存在威胁障碍物时,UAV需要对威胁障碍物进行避碰。通常情况下,依据感知到的多个动静态障碍物威胁性判断结果,采取忽略"潜在"威胁障碍物影响,只考虑对威胁障碍物的避碰。但这些感知到的"潜在"威胁动静态障碍物却会在UAV对威胁的动静态障碍物避碰过程中产生影响,然而现有的避障算法[51-52]很难将这些"潜在"威胁动静态障碍物的影响考虑到UAV避碰模型中。在一些情况下,忽略"潜在"威胁动静态障碍物对UAV避碰的影响,将导致UAV对威胁动静态障碍物避碰失败,即UAV的避障重规划路径受到"潜在"威胁动静态障碍物影响。

依据第4章提出的空间速度障碍球冠法,可以通过空间障碍球冠参数量化威胁障碍物的影响;同样,空间障碍球冠参数也可量化"潜在"威胁障碍物对UAV避碰的影响。因此,UAV在实现对威胁障碍物避碰的过程中,确定UAV的避碰速度矢量方向是否位于"潜在"威胁障碍空间障碍球冠的保角映射区域内,是提高UAV对威胁障碍物避碰安全性的重要环节。那么,当UAV同时感知到周围环境中多个动静态障碍物时,应对感知到的多个动静态障碍物进行分级讨论。根据第4章提出的空间速度障碍球冠分析法及空间速度障碍球冠的保角映射分析法,可实现UAV在统筹考虑"潜在"威胁动静态障碍物影响下的威胁障碍物避碰,提升UAV对威胁障碍物避碰的安全性和执行复杂任务的可靠性。为此,根据图4-3对UAV感知到的动静态障碍物威胁等级进行定义。

定义 5-2 当 $P_U+\boldsymbol{v}_u \in 3-\mathrm{DVO}$ 时，此时感知到的动静态障碍物具有威胁性，称此类动静态障碍物为一级威胁障碍物；当 $P_U+\boldsymbol{v}_u \notin 3-\mathrm{DVO}$ 且 $\mathrm{SC}=S_{P_U}\cap 3-\mathrm{DVO}\neq\varnothing$ 时，该类动静态障碍物不具有威胁性，但产生的空间速度障碍球冠会对 UAV 避障产生影响，称此类动静态障碍物为二级威胁障碍物；而当 $P_U+\boldsymbol{v}_u \notin 3-\mathrm{DVO}$ 且 $\mathrm{SC}=S_{P_U}\cap 3-\mathrm{DVO}=\varnothing$ 时，该类动静态障碍物不具有威胁性且不产生空间速度障碍球冠，故称此类动静态障碍物为三级威胁障碍物。

因此，根据定义 5-2 可确定：当 UAV 同时感知到的多个动静态障碍物中存在一级威胁障碍物时，UAV 需要对一级威胁障碍物进行避碰；另外，由于二级威胁障碍物会产生空间速度障碍球冠，可确定二级威胁障碍物将产生一定的 UAV 不可行速度矢量方向范围，故 UAV 需要考虑二级威胁障碍物在一级威胁障碍物避碰过程中的影响；而三级威胁障碍物不产生空间速度障碍球冠，对 UAV 的避碰不产生影响，则 UAV 在对一级威胁障碍物避碰的过程中可不考虑三级威胁障碍物的影响。

5.4.2 障碍物的避障分析

当考虑动态不确定环境下“潜在”威胁障碍物对一级障碍物避碰的影响时，UAV 的避障情形较为繁多，且“潜在”威胁障碍物的影响主要为二级威胁障碍物。那么，根据第 4 章提出的空间速度障碍球冠量化障碍物影响的方法，可实现“潜在”威胁障碍物影响的量化，确定“潜在”威胁障碍物球冠参数。再通过保角映射分析，即可实现 UAV 在考虑“潜在”威胁障碍物影响情况下的威胁障碍物避碰方向。

当 UAV 同时感知到周围环境中多个动静态障碍物时，依据障碍物威胁性判定结论确定动静态障碍物的威胁性。当多个动静态障碍物中存在“潜在”威胁障碍物时，以单个二级威胁障碍物影响下的单个一级威胁障碍物避碰为例进行分析，其他考虑二级威胁障碍物对 UAV 避碰影响的情况可类似进行分析求解。这样，考虑“潜在”威胁障碍物对 UAV 避障的影响，提高了 UAV 对一级威胁障碍物避碰的安全性。

在对 UAV 考虑“潜在”威胁障碍物影响下的避障方向求解过程中，通过一级和二级威胁动静态障碍物产生的空间速度障碍球冠，并进行相应的空间速度障碍球冠保角映射分析，实现 UAV 在考虑二级威胁动静态障碍物影响情况下对一级威胁障碍物的最优避碰，即确定的 UAV 避障速度矢量方向在空间偏转最小角度。由定义 5-2 可知，尽管 UAV 的速度矢量 $\boldsymbol{v}_u$ 不位于二级威胁障碍物的空间速度障碍球冠内，但当 UAV 对一级威胁障碍物进行避碰时，由于二级威胁障碍物生成的空间速度障碍球冠会产生一些不可行的速度矢量方向范围，故需要考虑二级威胁障碍物对 UAV 的避碰影响。单个一级威胁障碍球冠和二级威胁障碍球冠在速度球上的示意图如图 5-7 所示。

在示意图 5-7 中，一级威胁障碍物产生的空间速度障碍球冠中心为 C_{o1}，二级威胁障碍产生的空间速度障碍球冠中心为 C_{o2}，对应的空间速度障碍球冠参数分别为 $G_1(r_1,\varphi_{r_1},\theta_{r_1},\gamma_1)$、$G_2(r_2,\varphi_{r_2},\theta_{r_2},\gamma_2)$。空间速度障碍球冠 G_1 和 G_2 相交，但

UAV 的速度矢量 $\boldsymbol{v}_u$ 位于球冠 G_1 上而不在球冠 G_2 上。因此，UAV 在对一级威胁障碍物进行避碰的过程中，为确保 UAV 的避障速度矢量不会偏转至球冠 G_2 上，故需要考虑二级威胁障碍物的影响。从图 5-7 上可更为直观地表述为：为实现 UAV 对一级威胁障碍物 O1 的避碰，需要将 UAV 的速度矢量 $\boldsymbol{v}_u$ 偏转出空间速度障碍球冠 G_1，但同时不能偏转到球冠 G_2 上。

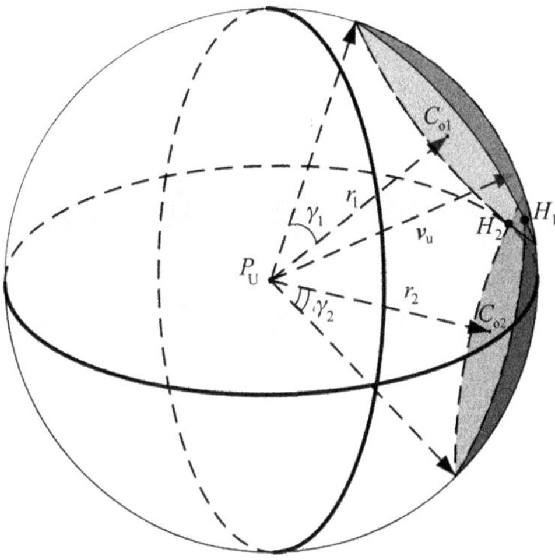

图 5-7　一级和二级威胁障碍物的 SC 示意图

通过对一级和二级威胁障碍球冠的保角映射分析，确定 UAV 在考虑“潜在”威胁障碍物影响下对威胁障碍物的最优避碰速度矢量方向。根据保角映射分析法，将求解的一级和二级威胁障碍球冠保角映射到二维平面方向角坐标系 $O\varphi\theta$ 内，相应的示意图如图 5-8 所示。圆域 $\odot C_{o1}$ 对应于一级威胁障碍球冠的保角映射，圆域 $\odot C_{o2}$ 对应于二级威胁障碍球冠的保角映射；圆域 $\odot C_{o1}$ 和 $\odot C_{o2}$ 的边界相交于点 H_1 和 H_2，且分别对应于图 5-7 中空间速度障碍球冠 G_1 和 G_2 边界的交点。通常情况下，根据一级威胁障碍球冠的保角映射范围，可确定 UAV 的最优避障速度矢量方向 $Q_{avo}(\varphi_{avo},\theta_{avo})$。但当考虑二级威胁障碍物影响时，特别是二级威胁障碍球冠 G_2 与一级威胁障碍球冠 G_1 相交，会存在最优避障速度矢量方向 $Q_{avo}(\varphi_{avo},\theta_{avo})$ 位于二级威胁障碍球冠 G_2 的保角映射范围 $\odot C_{o2}$ 内的情况，故导致 UAV 对一级威胁障碍物避碰失败。

因此，将二级威胁障碍球冠 G_2 保角映射的范围统筹考虑到一级威胁障碍球冠 G_1 保角映射范围上，使得确定的 UAV 避碰速度矢量方向 $Q'_{avo}(\varphi'_{avo},\theta'_{avo})$ 位于一级和二级威胁障碍球冠映射圆域 $\odot C_{o1}$ 和 $\odot C_{o2}$ 外，且使 UAV 的速度矢量偏转最小角度。图 5-8 给出了一种只考虑一级威胁障碍物影响下的最优避碰速度矢量方向 $Q_{avo}(\varphi_{avo},\theta_{avo})$ 位于二级威胁障碍球冠保角映射范围 $\odot C_{o2}$ 内的情况，显然确定的 UAV 避碰速度矢量方向不能满足安全性约束条件。那么，为提高 UAV 对一级威胁障碍物避碰的安全性并确定 UAV 的最优避碰速度矢量方向，需要舍去二级威胁障碍球冠的保角映射范围$\odot C_{o2}$，在可行的速度矢量方向范围内寻优。由于障碍球冠保角映射范围的边界为初等的几何图形，所以易于确定 UAV 速度矢量方向 $F_u(\varphi_u,\theta_u)$ 到球冠保角映射边界的最小值。

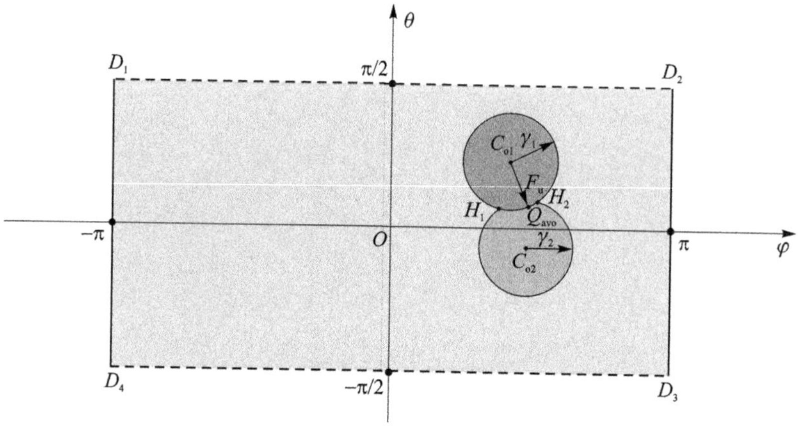

图 5-8　一级和二级威胁障碍 SC 的保角映射

5.5　仿真验证及分析

5.5.1　动态不确定 UAV 自主避障算法仿真验证

在 4.5.3 小节的多威胁障碍物避碰的仿真初始化条件基础上，对考虑动态不确定性情况下的三维 UAV 自主避障算法进行仿真验证。依据 5.3.1 小节中给出的基于 3-DDVOM 的动态不确定空间速度障碍球冠参数计算方法，可确定考虑动态不确定性情况下的球冠参数，则考虑动态不确定性前后球冠参数如表 5-1 所列。

表 5-1　考虑动态不确定性前后的威胁障碍 SC 参数

参　数	O1	O2
未考虑动态不确定性 SC 参数	(46.3 m, 49.2°, 3.23°, 22.2°)	(47.7 m, 20.8°, 1.14°, 17.3°)
动态不确定性 δ	5	4
考虑动态不确定性 SC 参数	(45.9 m, 49.5°, 3.49°, 23.3°)	(47.3 m, 20.5°, 1.27°, 18.8°)

由求解的考虑动态不确定性后球冠参数，采用 5.3.2 小节中不确定空间速度障碍球冠保角映射分析法，将考虑动态不确定性下的空间障碍球冠进行保角映射，根据 UAV 的速度矢量方向 $F_u(\varphi_u,\theta_u)$ 在空间障碍球冠对应的不可行速度矢量方向范围内的位置，可确定 UAV 在考虑动态不确定性情况下对多威胁障碍物避碰的最优方

向为(30.6°,17.1°),相应的UAV速度矢量在空间中与避障方向夹角最小。另外,对比表5-1中考虑动态不确定性前后的空间障碍球冠参数,可确定考虑动态不确定性使得空间障碍球冠变大,对应的UAV不可行速度矢量方向范围变大。相应的,考虑动态不确定性情况下UAV对多威胁障碍物避碰的仿真结果如图5-9所示。

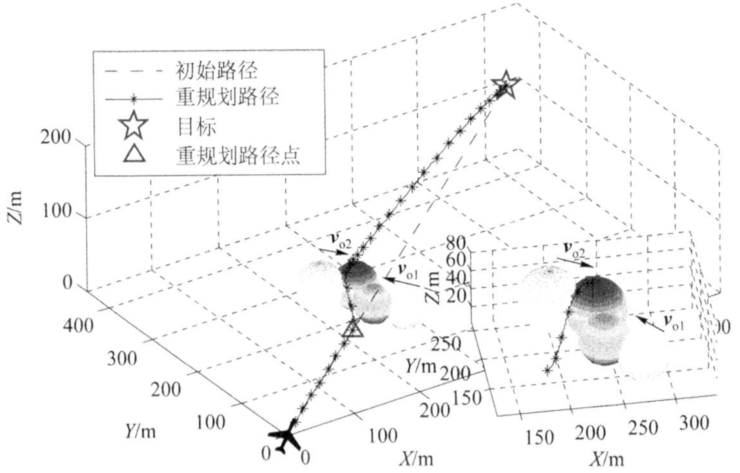

图5-9 考虑动态不确定性下UAV对多威胁障碍物避碰的仿真图

5.5.2 考虑"潜在"威胁障碍物避障影响的仿真验证

以4.5.3小节中UAV对单个威胁障碍物的避碰情况为例,考虑二级威胁障碍物对UAV避碰的影响,其他考虑二级威胁障碍物对UAV避碰影响的情况可类似进行仿真分析。UAV和已知障碍物的初始化条件如表5-2所列。

表5-2 UAV和已知障碍物的初始化条件

初始化条件	UAV	O1	O2
位置坐标/m	(180, 120, 37.5)	(276, 146, 27.1)	(230, 206, 48.0)
速度大小/(m·s^{-1})	50	40	40
方向角/(°)	(33.7, 9.83)	(150, 12.0)	(−45, −6)
威胁性判断		$\alpha_1<\alpha_0$(威胁)	$\alpha_2>\alpha_0$(二级威胁)
球冠参数		(46.3 m, 49.2°, 3.23°, 22.2°)	(46.3 m, 11.6°, 2.67°, 22.2°)

从4.5.3小节中可知,UAV对单个一级威胁障碍物O1避碰的最优速度矢量方向为Q_{avo}(28.8°,11.9°),相应UAV速度矢量的避障偏转角为5.32°;而当UAV考虑二级威胁障碍物O2对避碰的影响时,由于对一级威胁障碍物O1避碰的最优速度矢量方向Q_{avo}在二级威胁障碍球冠G_2的保角映射范围内,需要重新确定UAV的避障方向,依据一级和二级威胁障碍球冠G_1、G_2在方向角坐标系内的保角映射范

围，可得到考虑二级威胁障碍物 O2 影响情况下 UAV 对一级威胁障碍物 O1 避碰的最优偏转方向为 $Q'_{avo}(30.3°,14.7°)$，相应 UAV 速度矢量的避障偏转角为 5.94°。

对比考虑二级威胁障碍物影响前后的 UAV 速度矢量的避障偏转角，可得到考虑二级威胁障碍物影响下的避障偏转角变大，使得 UAV 可行的避障速度矢量方向范围变小，但考虑二级威胁障碍物的影响，提高了 UAV 对一级威胁障碍物避碰的安全性和可靠性。相应的，考虑二级威胁障碍物影响下 UAV 对一级威胁障碍物的避碰仿真结果如图 5－10 所示。

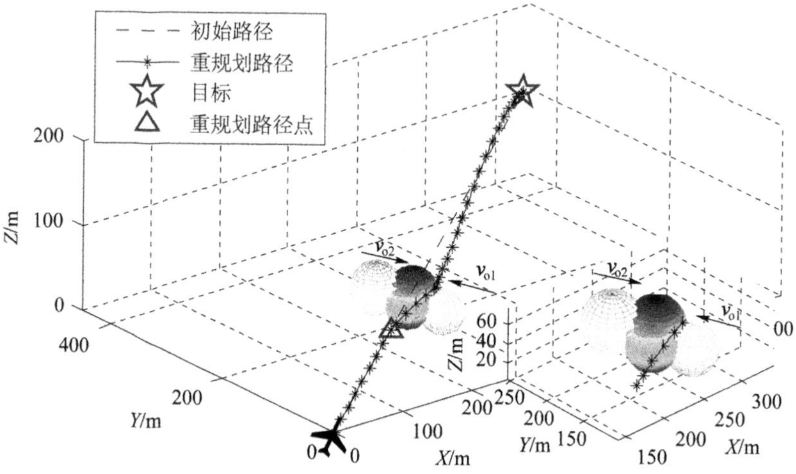

图 5－10　二级威胁障碍物影响下 UAV 对一级威胁障碍物的避碰仿真图

第6章 基于比例导引律的 UAV 避障飞行导引

在导弹攻击目标的过程中，可基于导引律设计飞行弹道，使导弹按照导引弹道飞到目标点。而 UAV 到达目标点的问题与导弹攻击目标问题极其相似，因此可对 UAV 设计导引律，使 UAV 按照导引路径到达目标点。当 UAV 在飞行过程中遇到障碍物需要避障时，利用导引律对 UAV 进行在线避障设计，可设计基于障碍物的避障向量，使 UAV 在导引律作用下到达避障向量方向，完成避障任务。

6.1 概 述

制导的目的是到达目标所在的位置。当飞行器接近目标时，其位置与目标的位置一致。当制导对象是导弹时，制导的目的是拦截目标。它是指导弹的位置与目标的位置在特定的时间点上重合，并且速度应足以摧毁目标。如果从数学上精确地表达，制导的目标应该得到能够实现这一目标的恰当的规则的支持[72]。

由于 UAV 的应用范围明显超过导弹，因此制导的目的也有区别。此外，在 UAV 的飞行过程当中，制导目标可能由一系列子目标（到达特定的空间位置）组成。在 UAV 避障过程中，借用制导的概念，则需确定避障方向及位置点，而完成此任务则还要设计导引律。

展望未来，制导问题会被视为控制问题，并从控制论的角度来描述制导律。鉴于可以由制导律控制物体的飞行（例如：运动体的输入为控制指令），我们应能够根据控制论来描述该飞行器。把控制的目标进行公式化，并引入参数分别描述飞行器行为和环境特性，其中包括影响飞行器行为的各种约束。

6.2 导引规律

目前常用的无人飞行器的导引律最初基本是针对导弹制导定制的，制导律及相关制导规则主要适用于导弹，而这些规则也同样适用于按选定航路点运动的 UAV 等飞行器。下面以导弹为例，介绍几种比较常见的导引律。

6.2.1 经典导引律

1. 追踪导引法

追踪导引也称追逐导引，简称追踪法。在实现追逐的理想情况下，导弹的速度矢

量 $\boldsymbol{V}_d$ 总与视线相重合，如图 6－1 所示。图中，q 为视线角，r 为弹目距离，$\boldsymbol{V}_m$ 为目标的速度矢量。

图解法可以得到跟踪法导引飞行下的相对飞行曲线，如图 6－2 所示。从图 6－2 看出，弹道的方向以与视线相同的角速度变化，且导弹一开始就对准目标，于是所画的切于导弹弹道的直线必须自始至终与视线重合。飞行路线的切线表示飞行路线的方向。显然，导弹临近目标时，总绕到目标后方去攻击，必然造成末段弹道弯曲度很大。追踪导引适用于攻击静止的地面或水面目标的导引。纯追踪法导引不适用于攻击机动面目标的导弹导引（对这种目标多用比例导引）。

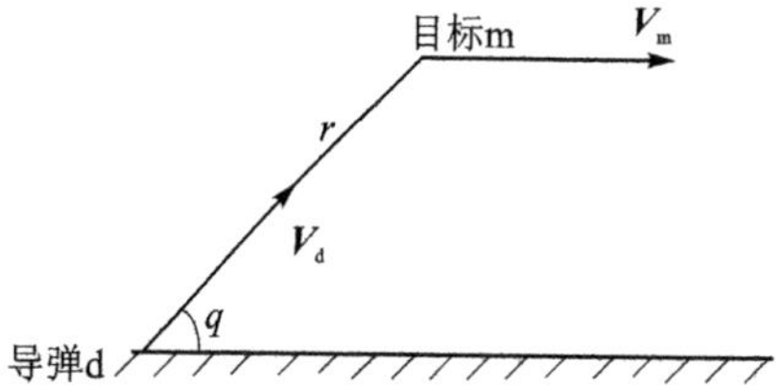

图 6－1　追踪法关系图

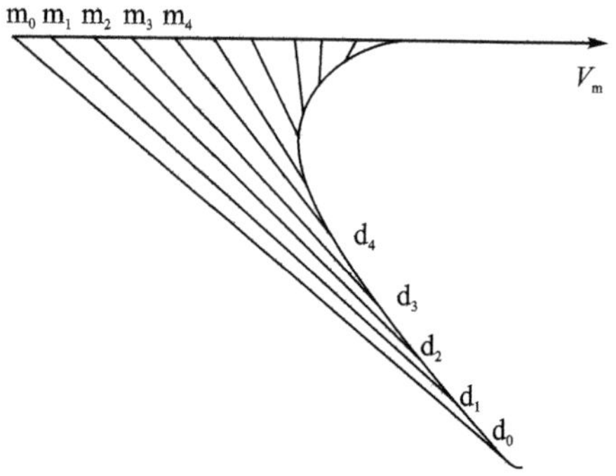

图 6－2　追踪法时导弹的轨迹

2. 比例导引法

对付高速机动的空中目标的战术导弹多采用比例导引。在比例导引法中导弹的速度矢量转动角速度与视线的转动角速度成比例。图 6－3 给出了比例导引中导弹与目标的几何关系。

所以导引方程为

$$\dot{\theta}_d = K\dot{q} \tag{6-1}$$

式中，K 为比例系数，又称为导航增益；θ_d 为导弹的速度方向角。

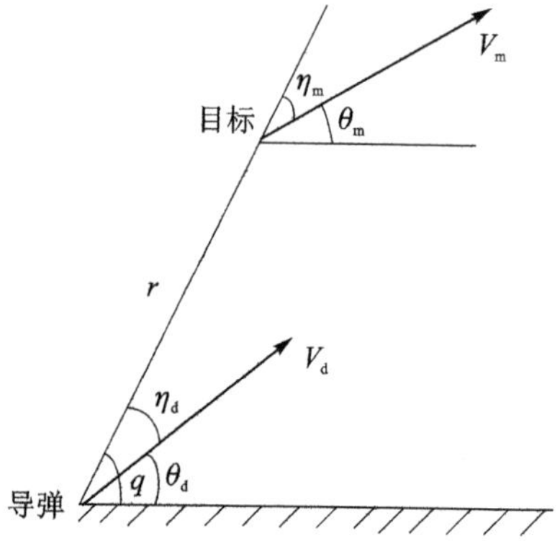

图 6－3　比例导引法示意图

这种导引法应用比较广泛，原因是可以做到在导引的前半段是稳定的直线弹道，速度比 $\mu=\dfrac{V_d}{V_m}$ 可以放宽，一般选 $\mu=2\sim6$，视线角 q 较小。

3. 平行接近法

以导弹质心为原点，可列出在导引平面内的运动方程为

$$\left.\begin{aligned}\dot r &= V_m\cos\eta_m - V_d\cos\eta_d \\ r\dot q &= -V_m\sin\eta_m + V_d\sin\eta_d\end{aligned}\right\}\tag{6-2}$$

式中，η_m、η_d 为目标及导弹的速度与视线之间的夹角。

平行导引要求导弹的速度和目标速度在视线垂直方向上的投影相等，也就是式(6-2)中 $r\dot q=0$，故有

$$V_m\sin\eta_m = V_d\sin\eta_d\tag{6-3}$$

这就是平行接近法的导引规律。

由于平行接近法的视线总是平行的，因此导引规律为

$$\dot q = 0\quad 或\quad q = q_0\tag{6-4}$$

式中，q_0 为初始视线角。

式(6-3)可写成

$$\frac{\sin\eta_m}{V_d} = \frac{\sin\eta_d}{V_m}\tag{6-5}$$

表示导弹、目标都做等速直线飞行。导弹的飞行弹道如图 6-4、图 6-5 所示。

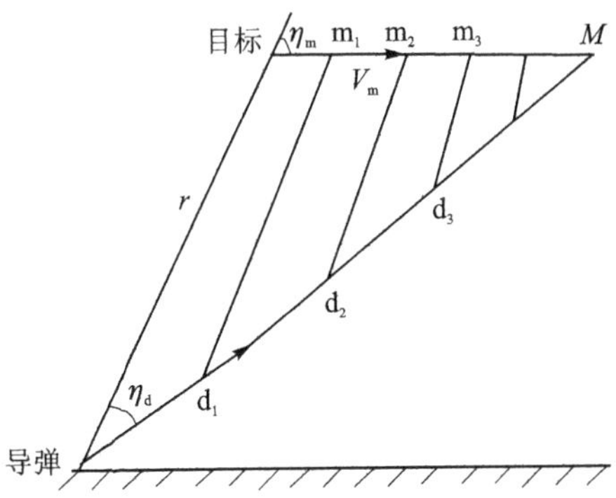

图 6-4　目标无机动时的飞行轨迹

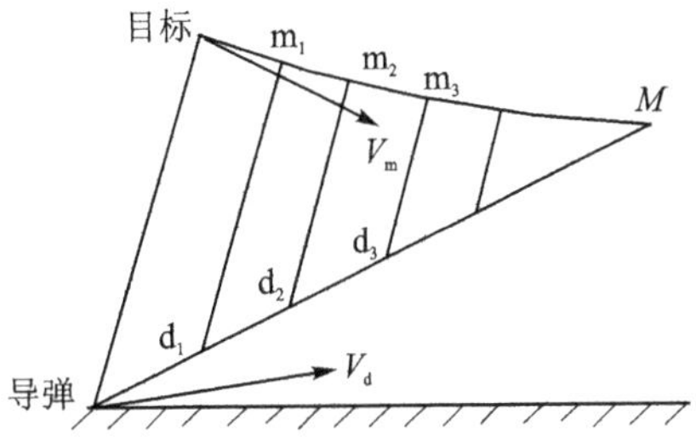

图 6-5　目标有机动时的飞行轨迹

4. 前置角导引规律

前置角导引法实际上是使导弹或导弹的速度矢量相对目标(视线)有一个前置角存在。前置角导引也有两种。

(1) 速度前置角导引法

要求导弹的速度矢量超前视线一个固定角度，即速度前置角为一个常数。其导引规律写成

$$\eta_d = \eta_{d0}\tag{6-6}$$

这种导引规律也称为有前置角的追逐法。

(2) 方位前置角导引法

这种导引规律要求方位前置角与方位角成比例。这种方法要采用陀螺开锁时刻(实际上是导引开始时刻)为基准线，如图 6-6 所示。

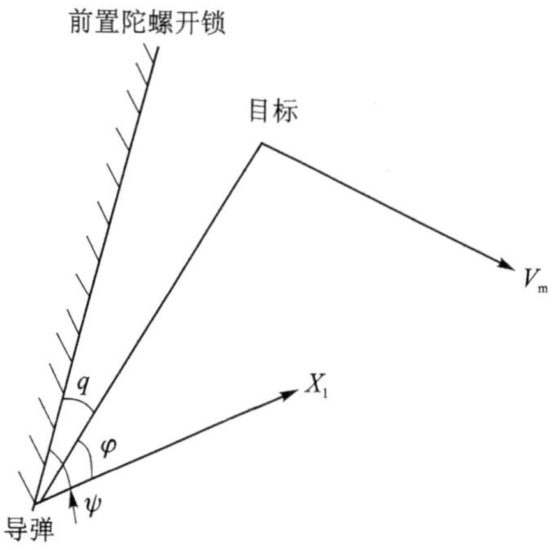

图 6-6　方位前置角导引的几何关系

其导引规律是

$$K'_1\varphi = K'_2\psi \tag{6-7}$$

6.2.2　现代导引律

随着现代控制理论的不断进步，现代制导方法与导引律得到了快速发展，而现代武器的发展也给导引律提出了更高的要求。

20 世纪 70 年代以来，普遍采用线性化模型来推导导引律，出现的现代导引律有线性二次型最优制导规律、自适应制导规律、微分对策制导规律等。后来，对非线性模型下的制导问题更为重视，由此产生了奇异摄动制导、预测制导、极大极小制导等形式的最优制导规律。最优制导规律的优点是可以考虑弹目动力学问题，并可考虑起点和终点约束条件等，根据给出的性能泛函寻求最优导引律。这些性能泛函一般为最小脱靶量、最小控制能量或最短时间等。本节主要介绍如何应用现代控制理论实现最优导引规律。

设系统状态方程为

$$\dot{\boldsymbol{X}} = \boldsymbol{AX} + \boldsymbol{Bu}$$

式中，$\boldsymbol{X}$ 为状态量；$\boldsymbol{u}$ 为控制量；$\boldsymbol{A}$、$\boldsymbol{B}$ 为系统矩阵。

设 t_f 为导弹与目标遭遇时刻（相碰撞或二者距离为最短），则在某一瞬时 t 导弹与目标的距离 X，可表示为

$$X = (V_d - V_m)(t_f - t) = V_c(t_f - t) \tag{6-8}$$

式中，V_c 表示导弹与目标的相对速度。

对于导弹控制来说，最根本的问题是要求脱靶量越小越好，即 $X = V_c(t_f - t) = 0$ 时的 X 值作为脱靶量，要求 $t = t_f$ 时刻的 X 值即 $\boldsymbol{X}(t_f)$越小越好。

选择下列形式的二次型指标函数

$$J = \frac{1}{2}\boldsymbol{X}^{\mathrm{T}}(t_{\mathrm{f}})\boldsymbol{F}\boldsymbol{X}(t_{\mathrm{f}}) + \frac{1}{2}\int_{t_0}^{t_{\mathrm{f}}}(\boldsymbol{X}^{\mathrm{T}}\boldsymbol{Q}\boldsymbol{X} + \boldsymbol{U}^{\mathrm{T}}\boldsymbol{P}\boldsymbol{U})\mathrm{d}t \tag{6-9}$$

式中，$\boldsymbol{F}$、$\boldsymbol{Q}$ 为非负定矩阵；$\boldsymbol{P}$ 为正定矩阵。给定初始条件 $X(t_0$，求最优控制 u，使 J 为最小。

对于线性二次型问题，可用变分法、极大值原理、动态规划或其他方法求得最优控制

$$u^*(t) = -R^{-1}\boldsymbol{B}^{\mathrm{T}}\boldsymbol{P}\boldsymbol{X} \tag{6-10}$$

式中 $\boldsymbol{P}$ 满足下列黎卡提矩阵微分方程：

$$\dot{\boldsymbol{P}} = -\boldsymbol{P}\boldsymbol{A} - \boldsymbol{A}^{\mathrm{T}}\boldsymbol{P} + \boldsymbol{P}\boldsymbol{B}R^{-1}\boldsymbol{B}^{\mathrm{T}}\boldsymbol{P} - \boldsymbol{Q} \tag{6-11}$$

$\boldsymbol{P}$ 的终端条件为

$$\boldsymbol{P}(t_{\mathrm{f}}) = \boldsymbol{P}_{t_{\mathrm{f}}}$$

6.2.3 新型导引律

科学技术的进步使得未来战争范围扩大到了外层空间。为了空间防御，出现了多层拦截任务。于是，一种反导武器动能杀伤飞行器（KKV）应运而生，它采用直接拦截模式，即以 KKV 直接碰撞目标，为此，需要很高的制导精度。由前述可知，追逐法即使在拦截非机动目标时，也不能保证直接命中。平行接近法理论上虽然理想，无论目标是否机动，都要求导弹速度向量始终指向目标瞬时遭遇点，为此需要精确知道目标飞行状态，这在实际中几乎无法实现。比例导引是一种介于前两者之间的制导方法，拦截非机动目标时，导弹性能好，脱靶量小，且易工程实现，而当存在目标机动，尤其是对付大机动目标时将无能为力。LQG 最优导引法比上述古典导引方法有很大进步，且制导精度很高和弹道性能很好。然而，在实用中要获得所要求的相对距离、相对速度及目标加速度的精确量测或估计却是十分困难的，弄得不好它还真不如比例导引的效果。可见，前述所有制导方式及其导引律都无法解决 KKV 直接碰撞目标的很高制导精度要求[73]。

KKV 精确制导问题的实质是“仅有角度测量的跟踪问题”，因为 KKV 的探测器一般只能测量弹目间的相对视线角（或视线角速度）。因此，必须用仅有角度测量信息估计出弹目相对距离、相对速度和目标加速度等信息，才能实现如最优制导等复杂的导引律。为此，20 世纪 90 年代以后，不少学者做出了极大努力，他们以逆系统控制、微分几何控制等方法针对 KKV 设计导引律，但也存在形式复杂、需要信息大、鲁棒性差等缺点。目前，比较好的是利用滑模变结构控制理论和 L_2 增益控制理论设计 KKV 导引律，并由此而产生了自适应滑模导引律（ASMG）、智能自适应滑模导引律（IASMG）、最优滑模导引律、基于 L_2 增益的鲁棒导引律（$\mathrm{L_2RG}$）等。本书采用滑模导引律实现了 UAV 以一定角度避障及目标导引，具体方法在第 9 章中详述。

6.3 基于比例导引律的UAV在线避障

由于比例导引规律具有弹道比较平直、导弹的过载比较小，所需测量的变量比较少、实现方便、精度比较高等优点，因此目前许多自动导引系统的导引规律多采用比例导引的各种变形。而UAV避障时的避障位置点选择后，相当于将UAV导引到此位置点，类似于导弹的目标点，因此，可采用比例导引律实现避障导引。

在UAV飞行过程中，如果判断UAV与障碍物可能会发生碰撞，就可以采用比例导引法理论，对相对速度进行自适应动态调整，使UAV尽可能避开障碍物向量，从而达到避障的目的，最后安全、顺利到达目的地。

UAV执行任务过程中，通过探测设备如果发现路径前方存在障碍物，这时需判断障碍物是否对UAV构成威胁。假设遇到的障碍物为规则障碍物，此时可把障碍物假设为障碍圆，其中障碍圆的半径 r_{obs} 为障碍物的最小安全距离。同样，可把UAV的形状假设为圆形，其中UAV圆的半径 r_{uav} 为UAV的最小安全距离。

通过扩大障碍圆半径为 $R_P = r_{obs} + r_{uav}$，可把UAV简化为一质点 U，此时基于质点 U 建立障碍物威胁区域 AUB，如图6-7所示。

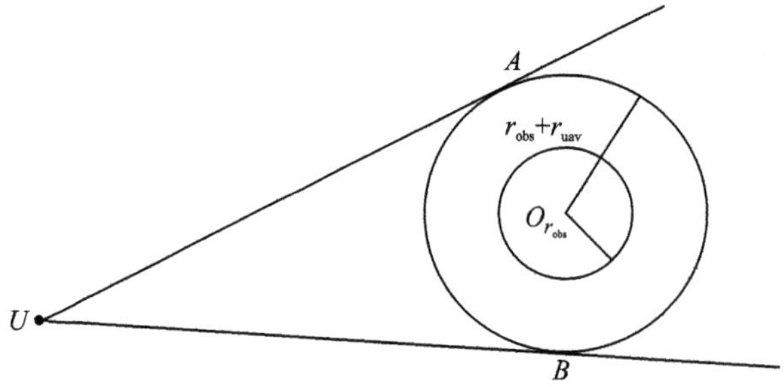

图6-7 障碍物威胁区域

图6-7中，U 为UAV简化后的质点，UA、UB 为以 U 点为起点的新的障碍圆切线，则质点 U 及切线 UA、UB 构成UAV相对障碍物的碰撞区域 AUB。

检验UAV与障碍物的相对速度矢量 $\boldsymbol{v}_{uo}$ 是否位于碰撞锥 AUB 内。若相对速度 $\boldsymbol{v}_{uo}$ 位于碰撞锥内，则说明经过一定时间，UAV将与障碍物相撞。构建UAV与障碍物几何关系示意图如图6-8所示。

图6-8中，UAV与障碍圆圆心间的视线角为 ϕ，碰撞锥 AUB 的夹角为 2γ，相对速度角度为 ψ_{rel}，定义角度以逆时针旋转为正，若 ψ_{rel} 满足以下关系：

$$\phi - \gamma < \psi_{rel} < \phi + \gamma \tag{6-12}$$

则表明相对速度 $\boldsymbol{v}_{uo}$ 位于碰撞锥 AUB 内，即经过时间 Δt，UAV将与障碍物相撞。要保证UAV避开障碍物，此时需调整相对速度 $\boldsymbol{v}_{uo}$ 的方向于障碍圆切线方向。基于相对速度角度变化最小原则，此时选取避障切线为 UB，即定义 $\overrightarrow{UB}$ 为避障向量，使

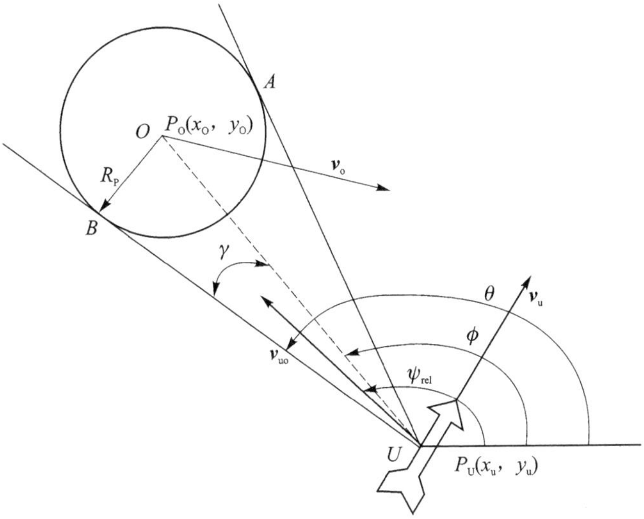

图 6-8 UAV 与障碍物相撞几何关系示意图

相对速度 $\boldsymbol{v}_{uo}$ 的方向最终导引到避障向量 $\overrightarrow{UB}$ 方向上,完成避障任务。其中避障向量 $\overrightarrow{UB}$ 的角度为 θ。

6.3.1 避障方法

在现有的各种导引律中,由于比例导引律简单易操作,便于工程实现,几十年来一直被广泛应用[74-75]。下面给出基于比例导引律对 UAV 在线避障的方法[76]。

当相对速度 $\boldsymbol{v}_{uo}$ 位于碰撞锥 AUB 内时,需调整相对速度 $\boldsymbol{v}_{uo}$ 的方向于避障向量 $\overrightarrow{UB}$ 方向完成避障。下面基于比例导引策略对 UAV 进行避障导引。

由图 6-8 知,相对速度的加速度可表达为

$$a = v_{uo}\dot{\psi}_{rel} \tag{6-13}$$

又知基于比例导引律有

$$\dot{\psi}_{rel} = N\dot{\theta} \tag{6-14}$$

因此得

$$a = Nv_{uo}\dot{\theta}_{rel} \tag{6-15}$$

式中,a 为输入的相对速度的加速度;v_{uo} 为相对速度的大小;$\dot{\psi}_{rel}$ 为相对速度的角速度;$\dot{\theta}$ 为避障向量角速度;N 为比例导引系数。因此要想得到加速度 a,必须知道避障向量角速度 $\dot{\theta}$。建立避障向量角 θ 的几何关系示意图如图 6-9 所示。

由图 6-9 可知,

$$\sin\phi = \frac{Y}{R_T},\quad \cos\phi = \frac{X}{R_T} \tag{6-16}$$

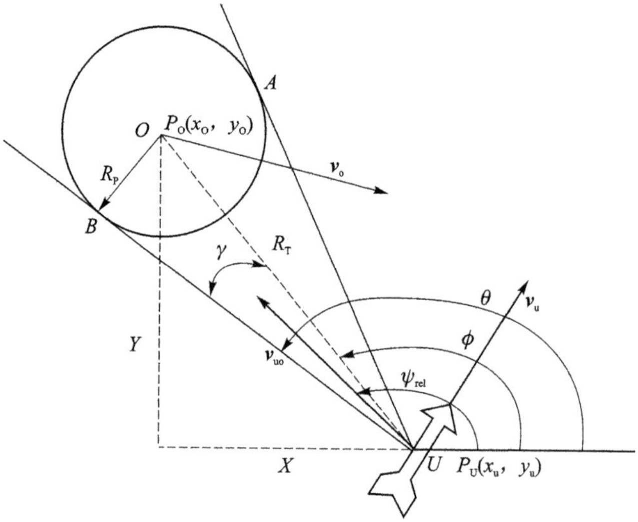

图 6-9 避障向量角几何关系示意图

$$\sin\gamma = \frac{R_P}{R_T} \tag{6-17}$$

$$\dot{Y} = -v_{uo}\sin\psi_{rel} \tag{6-18}$$

$$\dot{\theta} = \dot{\phi} + \dot{\gamma} \tag{6-19}$$

式中，X、Y 为障碍物坐标值 x_o、y_o 与坐标值 x_u、y_u 之差，即

$$X = x_o - x_u, \quad Y = y_o - y_u$$

式中，R_T 为障碍物与 UAV 间的距离；γ 为视线与避障向量的夹角；R_p 为扩大后障碍圆的半径。

将式(6-16)、式(6-17)对时间 t 求导，联合式(6-18)代入式(6-19)，可得

$$\dot{\theta} = -\left[\frac{v_u \sin\psi_{rel}}{R_T\cos\varphi} + \frac{\dot{R}_T}{R_T}(\tan\varphi + \tan\gamma)\right] \tag{6-20}$$

由参考文献[29]知，要保证相对速度能够收敛于避障向量，比例导引系数必须满足 $N>1$，即确定了比例导引系数 N 的下限。

1. 避障完成时间估计

基于比例导引律进行 UAV 避障时，要保证成功避障，相对速度必须在 UAV 到达障碍物前收敛到避障向量上，因此估算出 UAV 避障完成时间与比例导引系数 N 的关系，并利用比例导引系数 N 调整避障完成时间，使避障完成时间小于 UAV 到达障碍物的时间。此时避障完成时间 t_f 可采用下式进行估计[77]：

$$t_f = \frac{R(0)}{v_{uo}}\int_{\left[\frac{\varepsilon}{\sin\eta(0)}\right]^{\frac{1}{N-1}}}^{1} \frac{1}{\sqrt{1-\sin^2\eta(0)\chi^{2(N-1)}}}\mathrm{d}\chi \tag{6-21}$$

式中，$R=|UB|$，$\eta=\theta-\psi_{rel}$。

又知在避障过程中，满足 $0<|\eta|<\frac{\pi}{2}, N>1, \chi\leqslant 1$，所以

$$0\leqslant \sin^2\eta(0)\chi^{2(N-1)}<1$$

将 $\frac{1}{\sqrt{1-\sin^2\eta(0)\chi^{2(N-1)}}}$ 泰勒展开，略去高阶小项，得

$$\frac{1}{\sqrt{1-\sin^2\eta(0)\chi^{2(N-1)}}}\approx 1+\frac{1}{2}\sin^2\eta(0)\chi^{2(N-1)} \tag{6-22}$$

所以得

$$\begin{aligned}\tilde{t}_{t_f}&=\frac{R(0)}{v_{uo}}\int_{\left[\frac{\varepsilon}{\sin\eta(0)}\right]^{\frac{1}{N-1}}}^{1}\left[1+\frac{1}{2}\sin^2\eta(0)\chi^{2(N-1)}\right]d\chi\\&=\frac{R(0)}{v_{uo}}\left[\chi+\frac{1}{2}\sin^2\eta(0)\frac{1}{2(N-1)+1}\chi^{2(N-1)+1}\right]\Bigg|_{\left[\frac{\varepsilon}{\sin\eta(0)}\right]^{\frac{1}{N-1}}}^{1}\\&=\frac{R(0)}{v_{uo}}\left\{1+\frac{1}{2(2N-1)}\sin^2\eta(0)-\left[\frac{\varepsilon}{\sin\eta(0)}\right]^{\frac{1}{N-1}}-\right.\\&\quad\left.\frac{1}{2(2N-1)}\sin^2\eta(0)\left[\frac{\varepsilon}{\sin\eta(0)}\right]^{2+\frac{1}{N-1}}\right\}\end{aligned} \tag{6-23}$$

因此当给出初始避障向量距离 $R(0)$、初始避障向量角 $\theta(0)$、相对速度角 $\psi_{rel}(0)$、相对速度大小 v_{uo}、比例导引系数 N 大小及极小值 ε 时，就可由式(6-23)求出避障完成时间。

相应的，当给定 UAV 避障完成时间约束时，在初始条件下，就可利用式(6-23)确定比例导引系数 N 的取值范围[78]。

2. 机动性能约束分析

当 UAV 以相对速度 v_{uo} 等速飞行，如果比例导引系数 $N>2$，则避障向量角速度 $|\dot{\theta}|$ 值将逐渐减小而趋于零。因此知相对速度的法向加速度 $a=v_{uo}\dot{\psi}_{rel}=Nv_{uo}\dot{\theta}$ 将不断减小而收敛于零。

又由避障算法设计知，UAV 的加速度、角速度与 $a(t)$ 的关系为

$$|\dot{v}_u(t)|=|a(t)\sin[\psi_{rel}(t)-\psi_{uav}(t)]| \tag{6-24}$$

$$|\dot{\psi}_{uav}(t)|=|a(t)\cos[\psi_{rel}(t)-\psi_{uav}(t)]/v_u(t)| \tag{6-25}$$

由下式知，UAV 的法向加速度为

$$a_{uav}=|v_u(t)\dot{\psi}_{uav}(t)|=|a(t)\cos[\psi_{rel}(t)-\psi_{uav}(t)]| \tag{6-26}$$

建立 UAV 与障碍物速度关系示意图如图 6-10 所示。

设 $\boldsymbol{v}_u$ 与 $\boldsymbol{v}_o$ 夹角为 β，由正弦定理知

$$\frac{v_{uo}}{\sin\beta}=\frac{v_o}{\sin(\psi_{rel}-\psi_{uav})} \tag{6-27}$$

即

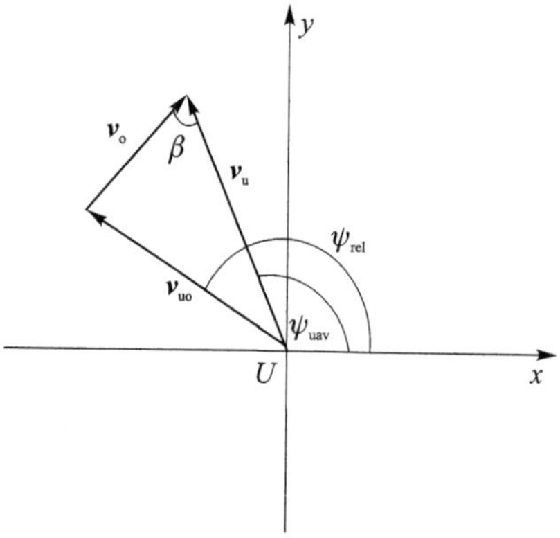

图 6-10 UAV 与障碍物速度关系示意图

$$\sin(\psi_{rel}-\psi_{uav})=\frac{v_o\sin\beta}{v_{uo}} \tag{6-28}$$

又知 v_o、v_{uo} 为常值,故知

$$\sin(\psi_{rel}-\psi_{uav})=A\sin\beta \tag{6-29}$$

$$A=\frac{v_o}{v_{uo}}\ 为常值$$

以相对速度逆时针转向为例,可得

$$\begin{aligned}a_{uav}&=|a(t)\cos[\psi_{rel}(t)-\psi_{uav}(t)]|\\&=\left|v_{uo}\dot{\psi}_{rel}\frac{v_u^2+v_{uo}^2-v_{uo}^2}{2v_uv_{uo}}\right|\\&=\left|\frac{\dot{\psi}_{rel}}{2}\right|\left|\frac{v_{uo}^2-v_o^2}{v_u}+v_u\right|\end{aligned} \tag{6-30}$$

由上面分析知,$a_{uav}\propto\left|\frac{\dot{\psi}_{rel}}{2}\right|$逐渐减小。

由式(6-23)知,比例导引系数 N 越大,避障完成时间越短,但同时比例导引系数 N 越大,相对速度的法向加速度也越大。由上述分析知,UAV 的法向加速度也越大。实际情况下,UAV 法向过载存在约束,并不能无限增大。

由上面分析知,a_{uav} 在初始时刻为最大值,并随避障完成逐步趋向于零。由过载 $n=a_{uav}/g$ 知,在初始时刻过载最大。

因此,知道了 UAV 的可用过载要求,由式(6-15)、式(6-20)、式(6-26)便可求出 UAV 在满足最大过载要求下的比例导引系数范围。

6.3.2 仿真分析

为验证上述算法的有效性,对算法进行仿真。假设 UAV 的初始条件为 $x_{u0}=$

0 km，$y_{u0}=0$ km，$v_u=100$ m/s，$\psi_{uav0}=90°$；障碍物的初始条件为 $x_{o0}=-10$ km，$y_{o0}=10$ km，$v_o=100$ m/s，$\psi_{obs}=0$，障碍物匀速运动；障碍物圆半径 $R_P=2$ km。

经判断，若不采取避障措施，UAV 会与障碍物发生碰撞，因此采用比例导引避障策略进行避障。在避障完成时间及机动性能约束条件下，选取比例导引系数 $N=6$ 得仿真结果，如图 6－11、图 6－12、图 6－13 所示。

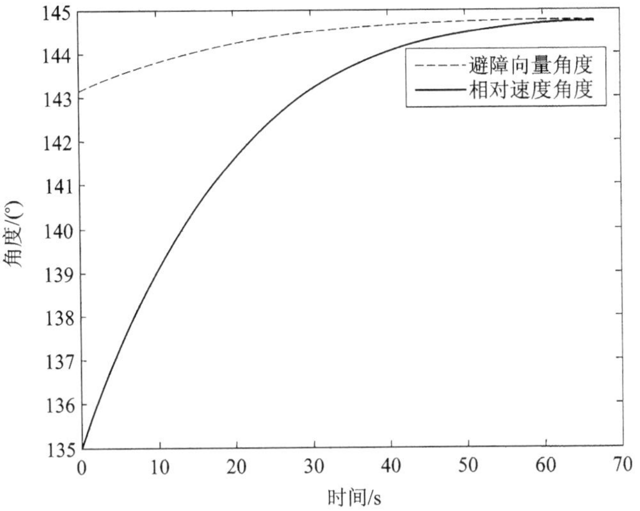

图 6－11　避障向量角度及相对速度角度随时间变化示意图

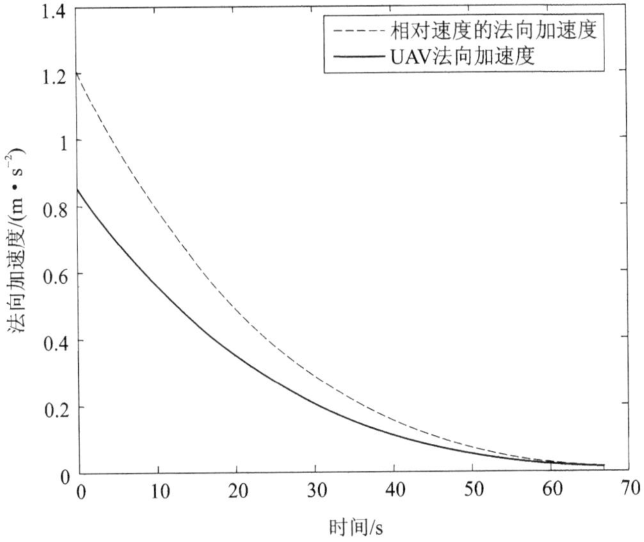

图 6－12　相对速度的法向加速度与 UAV 法向加速度示意图

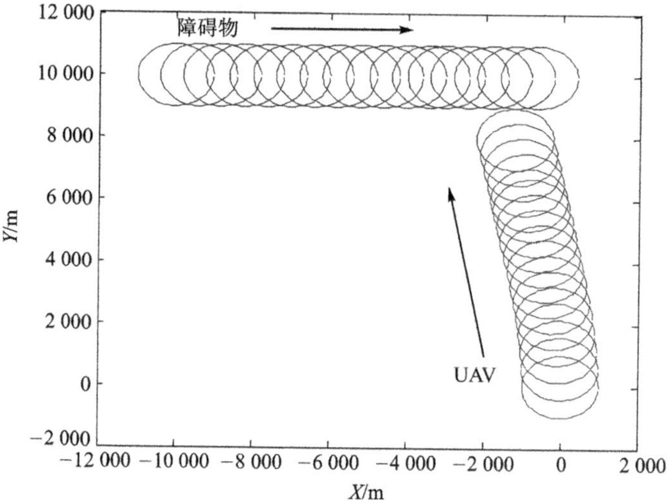

图 6-13　UAV 及障碍物运动示意图

从仿真结果可以看出，当 UAV 接近障碍物时，相对速度方向与避障向量方向重合，UAV 成功实现了避障。

借助传统比例导引律的思想进行 UAV 避障设计，通过设定避障向量，使 UAV 在比例导引律作用下，相对障碍物的速度方向导引到避障向量方向上完成避障。本算法的实现需要知道障碍物及 UAV 的位置及速度，这类参数可以通过机载雷达等视觉传感器得到，因此算法操作起来比较方便。

第7章　基于线性导引律的UAV避障研究

7.1　概　述

基于比例导引律的UAV避障方法虽然操作比较简便，避障实时性比较好，但由于在避障过程中，避障向量在实时变化，因而避障之后的UAV速度方向无法精确预测，避障完成后的路径偏离原路径的角度在大多数情况下也不能保证最小。

为此，本章介绍基于线性导引律的避障的方法。在这方面，F. Belkhouche等人做了大量的工作[79-82]，但设计的避障算法只是解决机器人对静态障碍物的定点避障问题，使机器人到达障碍物外某一定点完成避障，并未对动态障碍物的避障及避障后的机器人速度方向进行分析。由于UAV具有高速度、最小转弯半径、不能急停等约束条件，直接把该避障方法应用到解决UAV避障问题上，尤其是避开动态障碍物上，会存在很多问题。为此，本章提出了基于线性导引律的UAV避障方法，考虑避障完成时间、UAV机动性能及避障后速度方向等约束条件，确定了线性导引律参数范围。同时，在二维避障的基础上把避障方法扩展到三维空间，最后对提出的避障方法进行仿真验证。

7.2　碰撞判断及运动学方程建立

7.2.1　碰撞判断

当UAV运动过程中发现障碍物时，建立UAV与障碍物的几何关系示意图，如图7-1所示。

假设UAV的速度为$\boldsymbol{v}_{\mathrm{u}}$，航向角为$\psi_{\mathrm{uav}}$，障碍物的速度为$\boldsymbol{v}_{\mathrm{o}}$，航向角为$\psi_{\mathrm{obs}}$。UAV相对障碍物的速度为$\boldsymbol{v}_{\mathrm{uo}}$，航向角为$\psi_{\mathrm{rel}}$。通过扩大障碍物圆半径，可把UAV简化为质点$U$，基于质点$U$及障碍圆切线$UB$、$UA$建立碰撞区域$UAB$。由速度障碍原理知，若相对速度航向角$\psi_{\mathrm{rel}}$满足下列条件：

$$\theta_{BU}-2\gamma<\psi_{\mathrm{rel}}<\theta_{BU} \tag{7-1}$$

则UAV与障碍物间存在碰撞危险，因此需要调整UAV的速度的大小及航向，使相对速度$\boldsymbol{v}_{\mathrm{uo}}$位于碰撞区域$UAB$之外，完成避障。即UAV完成避障任务，相对速度航向角ψ_{rel}需满足下列条件之一：

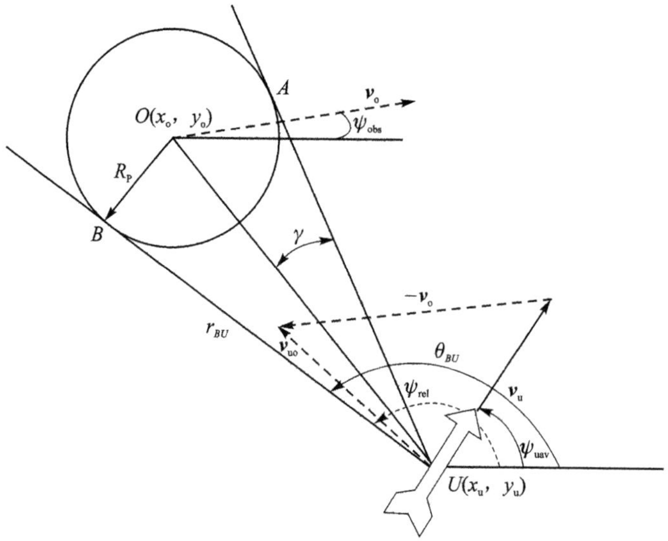

图 7-1　UAV 与障碍物几何关系示意图

$$\left.\begin{aligned}\psi_{rel} &> \theta_{BU} \\ \psi_{rel} &< \theta_{BU} - 2\gamma\end{aligned}\right\} \tag{7-2}$$

下面提出的避障策略是基于相对速度下的定点、定方向避障，即当 UAV 发现动态障碍物需要调整速度进行避障时，基于相对速度航向角 ψ_{rel} 变化最小原则，调整相对速度航向于切线方向，结合图 7-1，选取避障切线为 UB，即选定避障点为定点 B。确定避障点 B 后，假设 UAV 以相对速度 $\boldsymbol{v}_{uo}$ 运动到避障点 B，且到达避障点 B 后，UAV 的相对速度航向角 ψ_{rel} 与最初的切线 UB 方向角 θ_{BU} 相等，则可确保避障完成。为此，设计相对速度航向角 ψ_{rel} 的导引律在此导引律作用下完成避障任务。下面首先建立 UAV 在运行过程中与避障点 B 的运动学方程。

7.2.2　运动学方程建立

本小节将基于极坐标系推导出 UAV 与避障点 B 间的运动学方程。

由于障碍物圆是刚性圆，所以 B 点的速度大小及航向角与圆心一致，如图 7-2 所示。假设 U 点为坐标原点，UX 为水平轴，角度逆时针转向为正，建立极坐标系，则对切线 UB，r_{BU} 为距离量，其角度为为 θ_{BU}，且为正。

在极坐标系下，UAV 沿 UB 方向的速度分量为

$$v_{u\parallel BU} = v_u \cos(\theta_{BU} - \psi_{uav}) \tag{7-3}$$

若 $v_{u\parallel BU} > 0$，则在此速度分量的作用下，UAV 逐渐靠近避障点 B，r_{BU} 值逐渐减小。

垂直于 UB 方向的速度分量为

$$v_{u\perp BU} = v_u \sin(\theta_{BU} - \psi_{uav}) \tag{7-4}$$

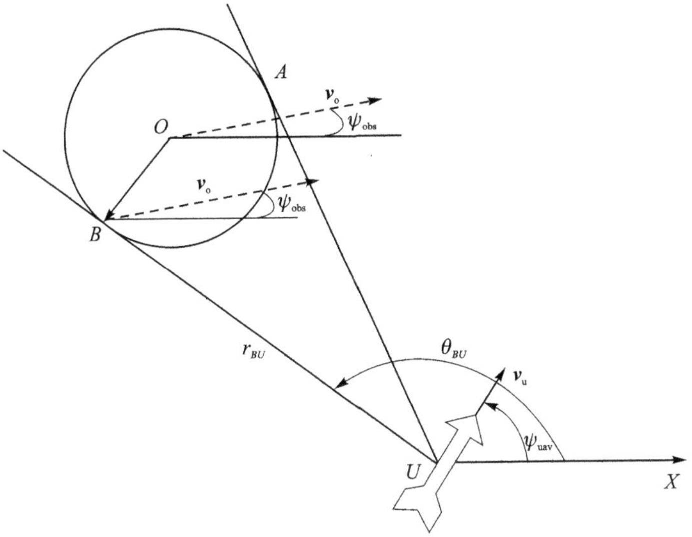

图 7-2　UAV 与障碍物运动学关系示意图

若 $v_{u\perp BU}>0$，则在此速度分量的作用下，U 点向上运动，使 θ_{BU} 值逐渐增大。

同样，在极坐标系下，B 点沿 UB 方向的速度分量为

$$v_{o\parallel BU}=v_o\cos(\theta_{BU}-\psi_{obs}) \tag{7-5}$$

若 $v_{o\parallel BU}>0$，则在此速度分量的作用下，避障点 B 逐渐远离 UAV，r_{BU} 值逐渐增大。

垂直于 UB 方向的速度分量为

$$v_{o\perp BU}=v_o\sin(\theta_{BU}-\psi_{obs}) \tag{7-6}$$

若 $v_{o\parallel BU}>0$，则在此速度分量的作用下，避障点 B 向上运动，使 θ_{BU} 值逐渐减小。

因此对 UAV 及避障点 B 在沿 UB 方向及垂直于 UB 方向的速度进行叠加，可得 UAV 与避障点 B 之间的距离变化率 $\dot{r}_{BU}$ 及角速度 $\dot{\theta}_{BU}$ 的表达式为

$$\dot{r}_{BU}=v_o\cos(\theta_{BU}-\psi_{obs})-v_u\cos(\theta_{BU}-\psi_{uav}) \tag{7-7}$$

$$\dot{\theta}_{BU}r_{BU}=v_u\sin(\theta_{BU}-\psi_{uav})-v_o\sin(\theta_{BU}-\psi_{obs}) \tag{7-8}$$

由于 $\boldsymbol{v}_{uo}=\boldsymbol{v}_u-\boldsymbol{v}_o$，可知在 UAV 与避障点 B 相对运动方程里，若构造 UAV 以相对速度 $\boldsymbol{v}_{uo}$ 运动，则避障点 B 可认为静止。此时构造以相对速度 $\boldsymbol{v}_{uo}$ 运动的虚拟运动 UAV，则虚拟运动 UAV 与静止避障点 B 之间的运动方程为

$$\dot{r}_{BU}=-v_{uo}\cos(\theta_{BU}-\psi_{rel}) \tag{7-9}$$

$$\dot{\theta}_{BU}r_{BU}=v_{uo}\sin(\theta_{BU}-\psi_{rel}) \tag{7-10}$$

这样就可以把 UAV 避开运动障碍物的情况简化为虚拟运动 UAV 避开静止障碍物的情况，其中虚拟运动 UAV 的速度为 $\boldsymbol{v}_{uo}$。

下一步就是基于线性导引律设计虚拟运动 UAV 速度 $\boldsymbol{v}_{uo}$ 的航向角 ψ_{rel}，使虚拟运动 UAV 成功到达定点避障点 B，并且到达避障点 B 时，速度航向角等于初始切线 UB 的方向。

7.3 基于线性导引律的避障策略

7.3.1 线性导引律设计

结合参考文献[79]及图 7-1，相对速度 $\boldsymbol{v}_{uo}$ 的航向角速度 $\dot{\psi}_{rel}$，基于比例导引律最基本定义 $\dot{\psi}_{rel}$ 与目标视线 UB 的角速度 $\dot{\theta}_{BU}$ 成比例，因此设计线性导引律 $\dot{\psi}_{rel}=N\dot{\theta}_{BU}$。其中 N 为比例导引系数，满足 $N>1$。

由于虚拟运动 UAV 以相对速度 $\boldsymbol{v}_{uo}$ 运行，所以障碍物静止；又由参考文献[83]知，当 $N>2|\dot{r}_{BU}|/v_{uo}\cos(\theta_{BU}-\psi_{rel})=2$ 时，$|\dot{\theta}_{BU}|$ 逐渐减小而趋于零，因此若要保证虚拟运动 UAV 最后到达避障点 B 时角度稳定，则比例导引系数应满足 $N>2$。

当选定比例导引系数 N 后，考虑初始状态有：

① 如果 $\psi_{rel}(t_0)=N\theta_{BU}(t_0)$，则相对速度航向角 $\psi_{rel}(t)$ 线性导引律可表示为

$$\psi_{rel}(t)=N\theta_{BU}(t) \tag{7-11}$$

② 如果 $\psi_{rel}(t_0)\neq N\theta_{BU}(t_0)$，则相对速度航向角 $\psi_{rel}(t)$ 线性导引律可表示为

$$\psi_{rel}(t)=N\theta_{BU}(t)+\psi_{rel}(t_0)-N\theta_{BU}(t_0) \tag{7-12}$$

设 $c_0=\psi_{rel}(t_0)-N\theta_{BU}(t_0)$，则式(7-12)可表示为

$$\psi_{rel}(t)=N\theta_{BU}(t)+c_0 \tag{7-13}$$

式中，c_0 为常值偏差角，用来控制虚拟运动 UAV 在线性导引律作用下最终稳定的航向角，线性导引律的稳定性在 7.3.2 小节进行证明。

基于线性导引律式(7-13)，则式(7-9)、式(7-10)可表示为

$$\dot{r}_{BU}=-v_{uo}\cos\left[(1-N)\theta_{BU}-c_0\right] \tag{7-14}$$

$$\dot{\theta}_{BU}r_{BU}=v_{uo}\sin\left[(1-N)\theta_{BU}-c_0\right] \tag{7-15}$$

但是，在大多数情况下，当选定比例导引系数 N 及给定常值偏差角 c 后，虚拟运动 UAV 的初始航向角 $\psi_{rel}(t_0)$ 并不满足方程式 $\psi_{rel}(t_0)=N\theta_{BU}(t_0)+c$，因此此时设计的线性导引律并不能直接应用。

为解决这个问题，在线性导引律中加入时变的偏差角函数，用来进行前置调节，使初始航向角 $\psi_{rel}(t_0)$ 满足给定的线性导引律。同时，要求调节过程必须在有限时间内结束，即时变偏差角函数在有限时间内收敛为极小值 $\varepsilon\leqslant10^{-4}$，保证虚拟运动 UAV 最后稳定的航向角由比例导引系数 N 及常值偏差角 c 确定。

基于以上约束条件，选择指数函数作为时变偏差角函数进行前置调节，时变偏差角函数为

$$f(t)=b_0\mathrm{e}^{-b_1 t} \tag{7-16}$$

式中，b_1 为正值，确保指数函数的衰减特性。

由于 $t=0, f(0)=b_0$，所以知道参数 b_0 为初始航向角 $\psi_{\mathrm{rel}}(t_0)$ 与 $N\theta_{BU}(t_0)+c$ 之间的偏差量，即

$$b_0=\psi_{\mathrm{rel}}(t_0)-N\theta_{BU}(t_0)-c \tag{7-17}$$

则加入时变偏差角函数的线性导引律可表示为

$$\psi_{\mathrm{rel}}(t)=N\theta_{BU}(t)+c+b_0\mathrm{e}^{-b_1 t} \tag{7-18}$$

下面确定参数 b_1 的取值范围。

由调节函数要求知，当 UAV 到达避障点 B 时，指数调节过程已结束。

设 UAV 到达避障点 B 的时间为 t_{reach}，对于式(7-16)，当 $t=t_{\mathrm{reach}}$ 时，有

$$f(t_{\mathrm{reach}})=b_0\mathrm{e}^{-b_1 t_{\mathrm{reach}}}<\varepsilon \tag{7-19}$$

式中，ε 为极小值，ε 满足 $\varepsilon \leqslant 10^{-4}$。

由于 b_0 已知，因此由式(7-19)可确定 b_1 的下限值为

$$b_1>\frac{\ln(b_0/\varepsilon)}{t_{\mathrm{reach}}} \tag{7-20}$$

同时，对式(7-16)求导可得

$$f'(t)=b_0(-b_1)\mathrm{e}^{-b_1 t} \tag{7-21}$$

则可知 $f'(t)$ 亦将在有限时间内收敛为极小值 ε，且 $f'(t)$ 为虚拟运动 *UAV* 航向角速度 $\dot{\psi}_{\mathrm{rel}}$ 的一部分，当 $t=0$ 时，有

$$f'(0)=b_0(-b_1) \tag{7-22}$$

假设虚拟运动 UAV 相对速度 v_{uo} 大小不变，则在导引过程中需用法向加速度 $a=v_{\mathrm{uo}}\dot{\psi}_{\mathrm{rel}}$，在过载约束下，可求出参数 b_1 的上限值。

设 UAV 可用过载为 n，则有

$$v_{\mathrm{uo}}\dot{\psi}_{\mathrm{rel}} \leqslant n\times g \tag{7-23}$$

式中，g 为重力加速度。

由于 $|f'(0)|<|\dot{\psi}_{\mathrm{rel}}(0)|$，所以

$$b_1<\frac{n\times g}{b_0\times v_{\mathrm{uo}}} \tag{7-24}$$

结合式(7-20)、式(7-24)，可求得参数 b_1 的取值范围为

$$\frac{\ln(b_0/\varepsilon)}{t_{\mathrm{reach}}}<b_1<\frac{n\times g}{b_0\times v_{\mathrm{uo}}} \tag{7-25}$$

设 r 为调节过程中的转弯半径，由

$$\dot{\psi}_{\mathrm{rel}}\times r=v_{\mathrm{uo}}$$

可知 b_1 越大，转弯半径 r 越小。因此 b_1 可决定调节过程中的虚拟运动 UAV 转弯

半径 r 的大小，且转弯半径是时变的。

这样，在保证相对速度航向角最后阶段稳定及过载约束条件下可求出式(7－18)表示的线性导引律参数 N 及 b_1 的取值范围，并设计合理的线性导引律。

在线性导引律的设计中，引入指数函数的目的是利用指数函数随时间的衰减特性来调节相对速度的航向角 ψ_{rel}。在此导引律作用下，虚拟运动 UAV 的飞行轨迹经过两个过程：

① 基于时变偏差角函数的飞行过程，也就是前置调节过程，由式(7－21)知，在调节过程虚拟运动 UAV 以时变的曲率飞行，即曲率半径是时变的。

② 基于常值偏差角的飞行过程，当调节函数等于极小值时，线性导引律中的偏差角为常值，随着导引律的作用，相对速度航向角收敛于某一要求定值，并且到达目标点。此结论的证明见 7.3.2 小节。

7.3.2 稳定性证明

基于线性导引律式(7－18)，则式(7－9)、式(7－10)可表示为

$$\dot{r}_{BU}=-v_{rel}\cos\left[(1-N)\theta_{BU}-c-b_0e^{-b_1t}\right] \tag{7-26}$$

$$\dot{\theta}_{BU}=\frac{v_{rel}\sin\left[(1-N)\theta_{BU}-c-b_0e^{-b_1t}\right]}{r_{BU}} \tag{7-27}$$

由 $b_1>0$ 知，随时间 $t\to\infty$，指数项 $b_0e^{-b_1t}\to0$。

因此由式(7－27)知，当 $\dot{\theta}_{BU}=0$ 时，可求出 θ_{BU} 的平衡点为

$$\theta_{BU}^{eq1}=\frac{c}{1-N}\quad 或者\quad \theta_{BU}^{eq2}=\frac{c}{1-N}\pi$$

基于线性理论，有

$$\left|\frac{\partial\dot{\theta}_{BU}}{\partial\theta_{BU}}\right|_{\theta_{BU}^{eq1}}=\frac{v_{rel}}{r_{BU}}(1-N)=A \tag{7-28}$$

$$\left|\frac{\partial\dot{\theta}_{BU}}{\partial\theta_{BU}}\right|_{\theta_{BU}^{eq2}}=\frac{v_{rel}}{r_{BU}}(1-N)=B \tag{7-29}$$

由 $v_{rel}>0, r_{BU}>0, N>1$，知 $A<0, B>0$，因此可得 θ_{BU}^{eq1} 为全局稳定点，即随时间 $t\to\infty$，$\theta_{BU}\to\theta_{BU}^{eq1}$。

当 $\theta_{BU}\to\theta_{BU}^{eq1}$ 时，$\dot{r}_{BU}\to-v_{uo}$，表明 UAV 与目标之间的距离逐渐减小，UAV 最终将到达目标点。

因此，由上面分析可知，当 UAV 到达避障点 B 过程中，相对速度航向角 $\psi_{rel}(t)$ 趋于 θ_{BU}^{eq1}。若选择合适的线性导引律参数，使 UAV 在到达避障点 B 时，相对速度航向角 $\psi_{rel}(t)$ 已收敛到 θ_{BU}^{eq1}，且 θ_{BU}^{eq1} 等于最初的切线 UB 的方向 $\theta_{BU}(t_0)$，则避障完成。

因此，避障算法设计如下：

① 当 UAV 发现障碍物时，若 UAV 相对障碍物的相对速度 $\boldsymbol{v}_{uo}$ 位于障碍物的碰

撞锥内，则UAV需采取措施进行避障。考虑原路径是UAV基于某一最优指标设计的到达目标的最优路径，因此对路径的改变越小越好。基于相对速度角度 ψ_{rel} 变化最小原则，选择相对速度角度 ψ_{rel} 的调整方向。针对图7-1，此时选择相对速度角度 ψ_{rel} 的调整方向为切线 UB，因此避障点为 B。

② 计算避障点 B 对应的障碍物圆切线角 θ_{BU}。

③ 设计线性导引律如式(7-18)所示，确定合适的参数 N、c、b_0、b_1，使线性导引律满足初始条件，即

$$\psi_{\text{rel}}(t_0)=N\theta_{BU}(t_0)+c+b_0 \tag{7-30}$$

并使相对速度稳定航向角 $\psi_{\text{rel}}(t_{\text{f}})$ 在线性导引律作用下，在UAV到达障碍物前已收敛到 θ_{BU}^{eq1}，且与最初的切线 UB 的方向角 $\theta_{BU}(t_0)$ 相等，即 $\psi_{\text{rel}}(t_{\text{f}})=\theta_{BU}^{\text{eq1}}=\theta_{BU}(t_0)$。

这样，虚拟运动UAV可成功到达避障点，并且角度满足避障要求，成功避开障碍物。

7.3.3 UAV速度求解

前面基于线性导引律对相对速度航向角 $\psi_{\text{rel}}(t)$ 设计导引律，使UAV成功避开障碍物。在线性导引律设计中，假设相对速度大小 v_{uo} 不变，则知相对速度的加速度为

$$a_{\text{rel}}=v_{\text{uo}}\times\dot{\psi}_{\text{rel}} \tag{7-31}$$

又假设障碍物为静止障碍物或匀速运动障碍物，因此相对速度的加速度 a_{rel} 完全由UAV提供，建立相对速度 $\boldsymbol{v}_{\text{uo}}$、UAV速度 $\boldsymbol{v}_{\text{u}}$ 及障碍物速度 $\boldsymbol{v}_{\text{o}}$ 关系示意图如图7-3所示。

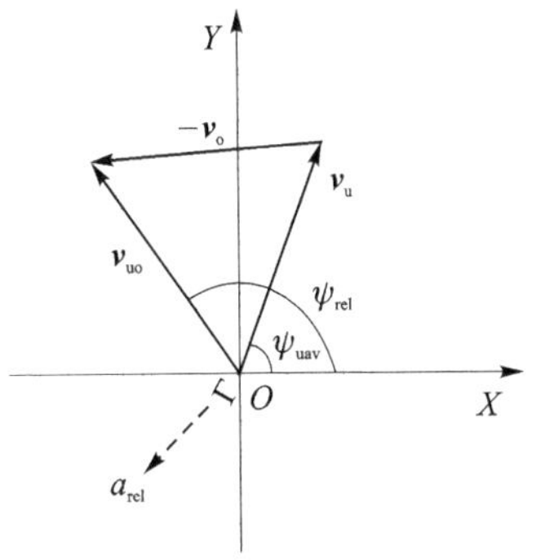

图7-3　相对速度 $\boldsymbol{v}_{\text{uo}}$ 与UAV速度 $\boldsymbol{v}_{\text{u}}$ 及障碍物速度 $\boldsymbol{v}_{\text{o}}$ 关系示意图

因此可得UAV的速度大小及航向角的变化率为

$$\dot{v}_{\text{u}}(t)=-a_{\text{rel}}(t)\sin[\psi_{\text{rel}}(t)-\psi_{\text{uav}}(t)] \tag{7-32}$$

$$\dot{\psi}_{\text{uav}}(t)=a(t)\cos[\psi_{\text{rel}}(t)-\psi_{\text{uav}}(t)]/v_{\text{u}}(t) \tag{7-33}$$

由式(7-32)及式(7-33)就可求出UAV的运动轨迹。

7.3.4 仿真分析

假设UAV在二维平面运行时发现障碍物，UAV及障碍物的初始条件如表7-1所列。UAV及障碍物的形状均假设为半径 $R_{\text{P}}=2$ km的圆，并假设障碍物匀速运动，UAV可用过载 $n=5g$。

由初始条件及结合图7-1，经计算知UAV距障碍物圆心的初始距离 $R_0=10\sqrt{2}$ km，相对速度大小 $v_{\text{rel}}=200\sqrt{2}$ m/s，运动过程中保持相对速度大小不变，

UAV 距避障点 B 的初始距离为 $r_{BU0}=13.6\ \text{km}$，初始视线角 $\theta_{BU}(t_0)=2.643\ \text{rad}$，虚拟运动 UAV 到达避障点的时间 $t_{\text{reach}}\approx r_{BU0}/v_{\text{rel}}=48\ \text{s}$。

表 7-1　UAV 及障碍物初始条件

初始条件	(x,y)	$v/(\text{m}\cdot\text{s}^{-1})$	$\psi/(°)$
UAV	(0 km,0 km)	200	90
障碍物	(−10 km,10 km)	200	0

由避障完成时间、比例系数 $N>2$、UAV 最大法向过载及视线角全局稳定点 θ_{BU}^{eql} 这四个约束条件，选择线性导引律参数如下：$N=4$，$b_1=0.15$，$c=-(N-1)\theta_{BU}(t_0)$，$b_0=\psi_{\text{rel}}-\theta_{BU}(t_0)$。仿真结果见图 7-4～图 7-9。

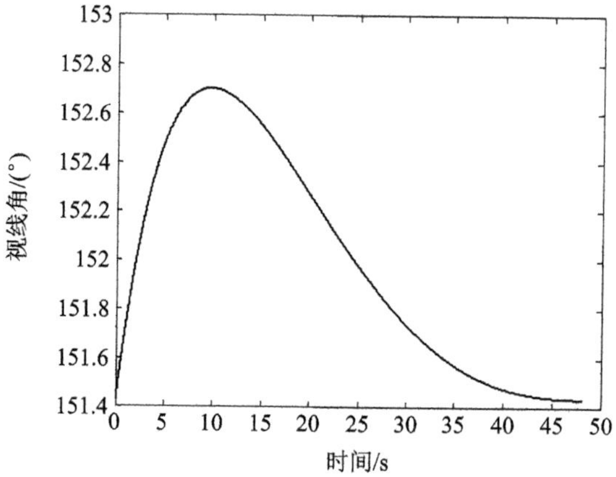

图 7-4　视线角变化示意图

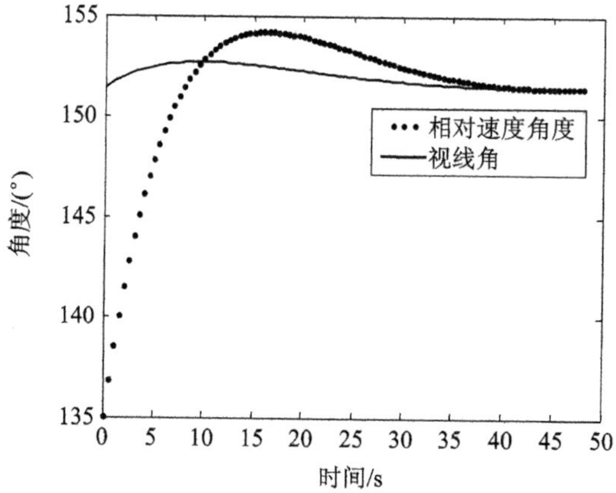

图 7-5　相对速度航向角变化示意图

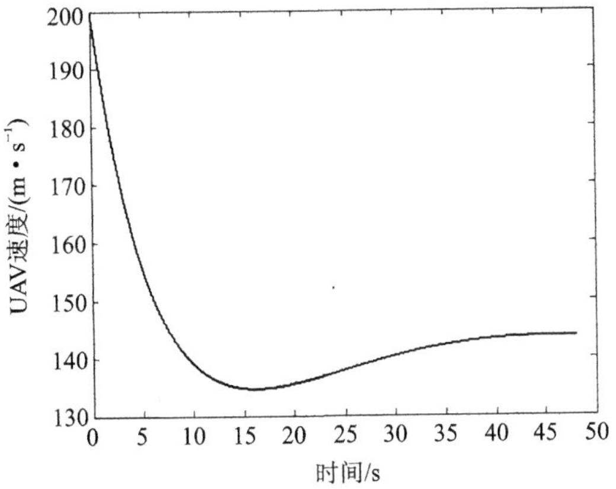

图 7-6　UAV 速度大小变化示意图

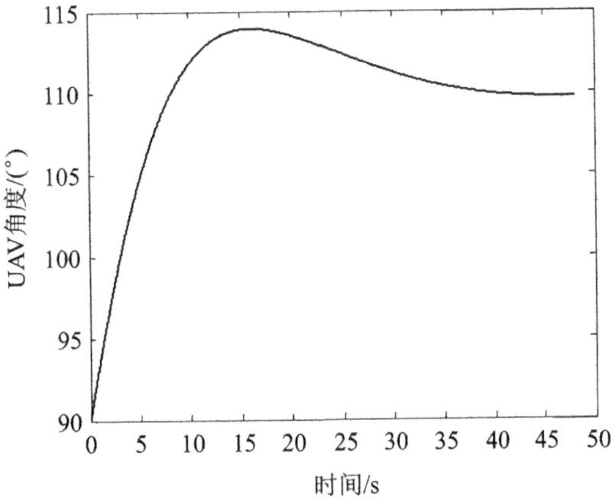

图 7-7　UAV 速度航向角变化示意图

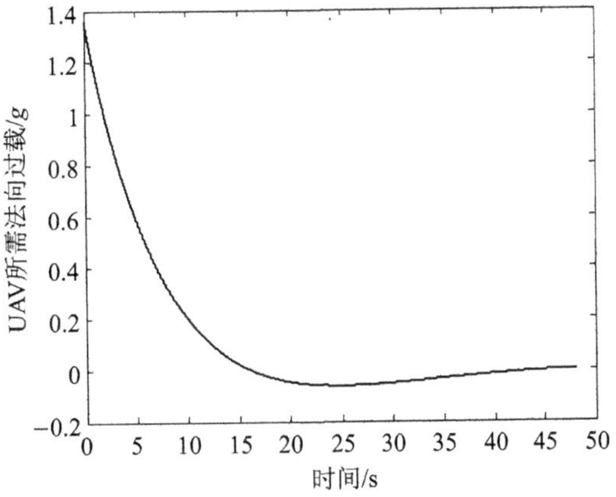

图 7-8　UAV 所需法向过载示意图

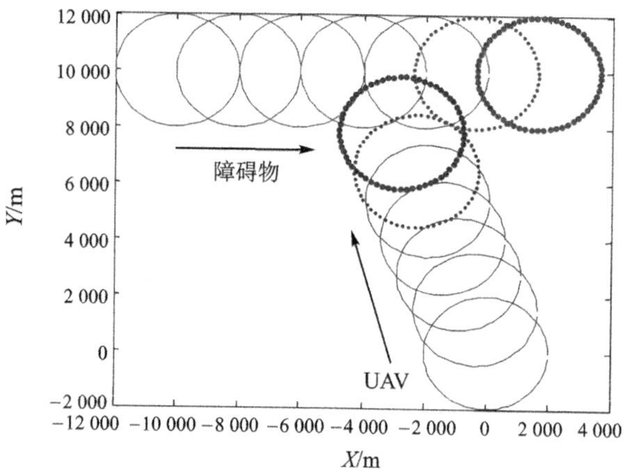

图 7-9 UAV 避开障碍物示意图

图 7-4 为虚拟运动 UAV 与避障点 B 间视线角变化示意图，由图可知，在 $t=48$ s 时，视线角与初始视线角 $\theta_{BU}(t_0)$ 相等；又由图 7-5 知，在 $t=48$ s 时，相对速度航向角 ψ_{rel} 与视线角 $\theta_{BU}(t_0)$ 重合，且等于初始视线角 $\theta_{BU}(t_0)$，表明相对速度角度已转到切线 UB 方向，且虚拟运动 UAV 能到达避障点 B，验证了避障算法的正确性。

图 7-6、图 7-7 为 UAV 实际速度大小及航向角变化示意图，图 7-8 为 UAV 避障过程中所需法向过载示意图，由图可看出 UAV 在运动过程中最大法向过载为 $n=1.4g$，小于 UAV 最大可承受法向过载，确保 UAV 能够实现速度大小及方向的改变。

图 7-9 为 UAV 与障碍物在二维平面运动示意图，由图可看出 UAV 在线性导引律作用下由初始航向角 $\psi_{uav0}=90°$ 逐渐逆时针旋转，并在与障碍物相遇时相切（见 UAV 与障碍物运动方向上第一个虚线圆），随后距离逐渐增大（见 UAV 与障碍物运动方向上第二个虚线圆），表明 UAV 成功避开障碍物。

7.4 三维避障研究

基于线性导引律进行 UAV 三维避障算法设计，需要进行平面分解、碰撞判断，然后把在二维平面基于线性导引律的避障方法推广到三维空间，来解决 UAV 在三维空间的避障问题。下面主要讲述如何基于线性导引律进行三维避障算法设计。

7.4.1 平面分解

当 UAV 在三维空间运动时，建立 UAV 与障碍物几何关系示意图，如图 7-10 所示。

图 7-10 中，X 轴、Y 轴为水平轴，Z 轴为垂直轴，假设 UAV 位于坐标原点 O，

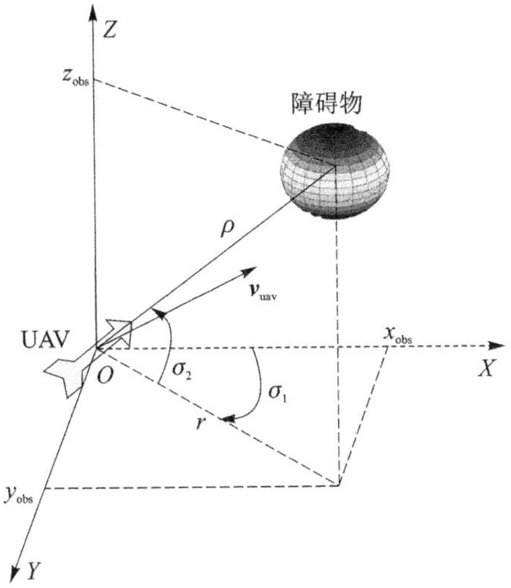

图 7-10　三维空间下 UAV 与障碍物几何关系示意图

障碍物坐标为(x_o, y_o, z_o)，ρ 为 UAV 到障碍物的欧氏距离，r 为距离 ρ 在水平面 XOY 的分量。基于分量 r 及 X 轴、Y 轴、Z 轴对三维空间 XYZ 进行分解，建立水平面 XOY 及垂直面 rOZ，如图 7-11 所示。因此知 σ_1 为 UAV 与障碍物圆心在水平面视线角，σ_2 为 UAV 与障碍物圆心在垂直面视线角。

对 UAV 的运动速度 $\boldsymbol{v}_{\mathrm{u}}$ 在水平面 XOY 投影得 $\boldsymbol{v}_{\mathrm{u}\_xy}$，则基于分量 $\boldsymbol{v}_{\mathrm{u}\_xy}$ 及 X 轴、Y 轴、Z 轴对速度 $\boldsymbol{v}_{\mathrm{u}}$ 进行平面分解，建立速度向量水平面 XOY 及速度向量垂直面 $\boldsymbol{v}_{\mathrm{u}\_xy}OZ$。故可得 UAV 的航向角为 ψ_{uav}，航迹角为 φ_{uav}，如图 7-12 所示，其中 $\boldsymbol{v}_{\mathrm{u}\_xy} = \boldsymbol{v}_{\mathrm{u}} \cos \varphi_{\mathrm{uav}}$。

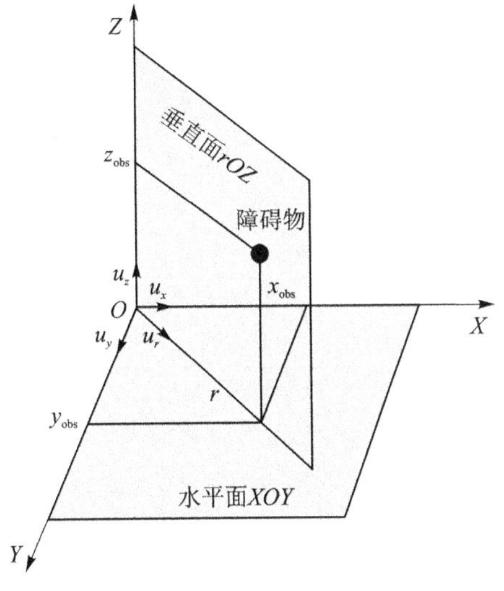

图 7-11　三维空间分解为水平面及垂直面示意图

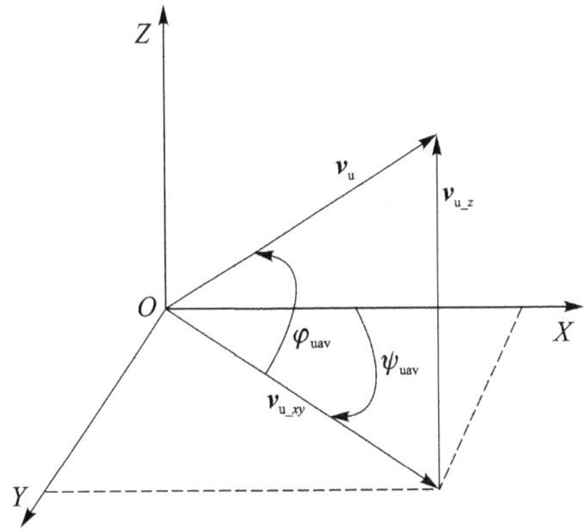

图 7-12　UAV 速度航向角及航迹角示意图

7.4.2 几何关系及运动学方程

由于基于线性导引律的避障策略是选定避障点进行定方向避障，因此进行碰撞判断时，把障碍球投影到基于速度 $\boldsymbol{v}_{\mathrm{u}}$ 及 X 轴、Y 轴、Z 轴构造的水平面 XOY 及垂直面 $\boldsymbol{v}_{\mathrm{u\_}xy}OZ$ 上，这样便于选择避障点。此时在水平面 XOY 得到障碍圆 O_{xy}，在垂直面 $\boldsymbol{v}_{\mathrm{u\_}xy}OZ$ 得到障碍圆 $O_{v_{\mathrm{u\_}xy}z}$。若 $\boldsymbol{v}_{\mathrm{u}}$ 航向角 ψ_{rav} 位于 O_{xy} 的障碍圆锥内且航迹角 φ_{uav} 位于 $O_{v_{\mathrm{u\_}xy}z}$ 的障碍圆锥内，则表明 UAV 与障碍物存在碰撞危险，需采取措施进行避障，如图 7－13 所示，其中 UAV 与障碍物圆心的水平视线角为 σ_1，垂直视线角为 σ_2。

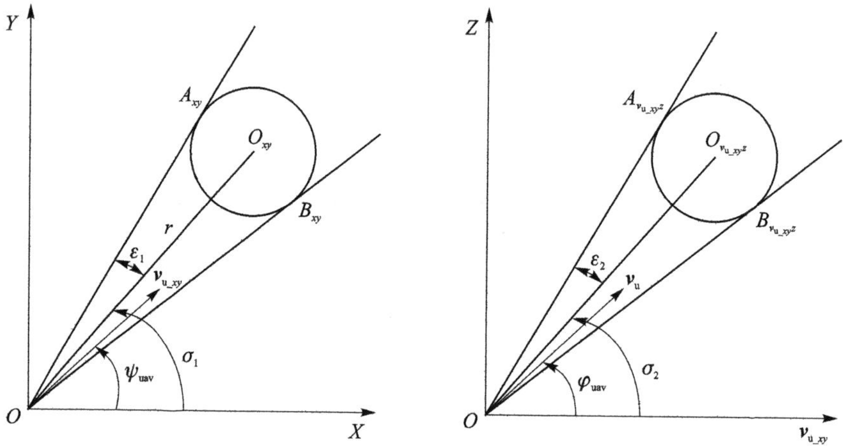

图 7－13 UAV 与障碍物三维空间存在碰撞威胁示意图

针对图 7－13，设计线性导引律避障算法，使 UAV 到达障碍物对应的水平面避障点（A_{xy} 或 B_{xy}）或垂直面避障点（$A_{v_{\mathrm{u\_}xy}z}$ 或 $B_{v_{\mathrm{u\_}xy}z}$），并且到达避障点时角度满足避障要求，则 UAV 可成功避开障碍物。由角度变化最小原则知，避障点可选为 B_{xy} 或 $B_{v_{\mathrm{u\_}xy}z}$。为分析最复杂情况，选择避障点为 $B_{v_{\mathrm{u\_}xy}z}$。此时避障点 $B_{v_{\mathrm{u\_}xy}z}$ 对应三维空间的点，分两种情况：

① 当 $\psi_{\mathrm{uav}}=\sigma_1$，此时避障点 $B_{v_{\mathrm{u\_}xy}z}$ 对应于障碍物上的点，设为 B_{avoid1}。

② 当 $\psi_{\mathrm{uav}}\neq\sigma_1$，此时避障点 $B_{v_{\mathrm{u\_}xy}z}$ 对应于障碍物附近的点，设为 B_{avoid2}，且 UAV 与避障点 B_{avoid2} 间的垂直面视线角 $\sigma'_2=\sigma_2-\varepsilon_2$。

下面建立 UAV 与避障点 B_{avoid2} 之间的运动学方程。

假设障碍物静止不动，UAV 的坐标为 $(x_{\mathrm{u}},y_{\mathrm{u}},z_{\mathrm{u}})$，避障点 B_{avoid} 的坐标为 $(x_{B_{rz}},y_{B_{rz}},z_{B_{rz}})$，UAV 航向角为 ψ_{uav}，航迹角为 φ_{uav}，UAV 与避障点 B_{avoid} 间的水平视线角为 σ'_1，垂直视线角为 σ'_2，逆时针为正。其中，由于不改变航向角，所以航向角 ψ_{uav} 为常数，且 UAV 与避障点 B_{avoid} 间水平视线角等于水平航向角，即 $\sigma'_1=\psi_{\mathrm{uav}}$。UAV 与避障点 B_{avoid} 的水平距离为 r_0，总距离为 ρ。建立 UAV 与避障点 B_{avoid} 之间的几何关系示意图，如图 7－14 所示。

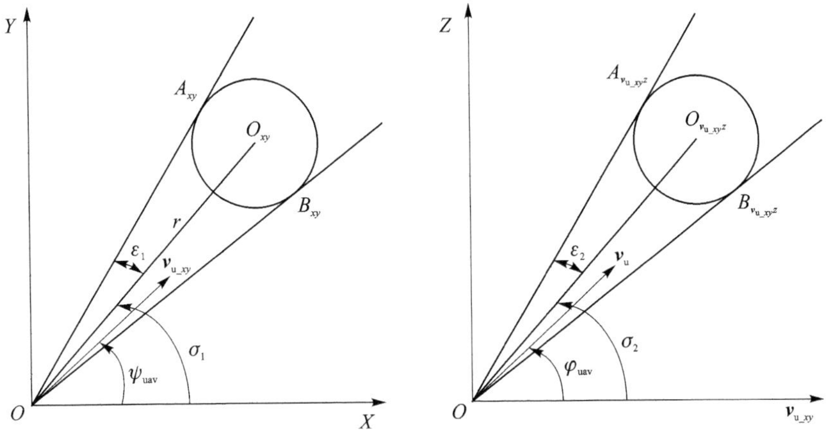

图7-14　UAV与避障点几何关系示意图

由图7-14可知，

$$\tan\sigma_1'=\frac{y_{B_{rz}}-y_u}{x_{B_{rz}}-x_u} \tag{7-34}$$

$$r_0=\sqrt{(x_{B_{rz}}-x_u)^2+(y_{B_{rz}}-y_u)^2} \tag{7-35}$$

$$\tan\sigma_2'=\frac{z_{B_{rz}}-z_u}{r_0} \tag{7-36}$$

$$\rho=\sqrt{(z_{B_{rz}}-z_u)^2+r_0^2} \tag{7-37}$$

对式(7-34)、式(7-35)求导，可得

$$\dot{\sigma}_1'=\frac{(\dot{y}_{B_{rz}}-\dot{y}_u)(x_{B_{rz}}-x_u)-(\dot{x}_{B_{rz}}-\dot{x}_u)(y_{B_{rz}}-y_u)}{r_0^2} \tag{7-38}$$

$$\dot{r}_0=\frac{(\dot{x}_{B_{rz}}-\dot{x}_u)(x_{B_{rz}}-x_u)+(\dot{y}_{B_{rz}}-\dot{y}_u)(y_{B_{rz}}-y_u)}{r_0} \tag{7-39}$$

对式(7-36)、式(7-37)求导，可得

$$\dot{\sigma}_2'=\frac{(\dot{z}_{B_{rz}}-\dot{z}_u)r_0-\dot{r}_0(z_{B_{rz}}-z_u)}{\rho^2} \tag{7-40}$$

$$\dot{\rho}=\frac{\dot{r}_0 r_0+(\dot{z}_{B_{rz}}-\dot{z}_u)(z_{B_{rz}}-z_u)}{\rho} \tag{7-41}$$

因假设障碍物静止，所以可知

$$\dot{x}_{B_{rz}}=0,\quad \dot{y}_{B_{rz}}=0,\quad \dot{z}_{B_{rz}}=0$$

又

$$\dot{x}_u=\boldsymbol{v}_u\cos\varphi_{uav}\cos\psi_{uav},\quad \dot{y}_u=\boldsymbol{v}_u\cos\varphi_{uav}\sin\psi_{uav},\quad \dot{z}_{uav}=\boldsymbol{v}_u\sin\varphi_{uav}$$

把上面已知条件代入式(7-38)～式(7-41)，可得

$$\dot{r}_0 = -v_u \cos\varphi_{uav}\cos(\psi_{uav} - \sigma_1') \tag{7-42}$$

$$r_0\dot{\sigma}_1' = -v_u \cos\varphi_{uav}\sin(\psi_{uav} - \sigma_1') \tag{7-43}$$

$$\dot{\rho} = -v_u\left[\cos\varphi_{uav}\cos\sigma_2'\cos(\psi_{uav} - \sigma_1') + \sin\varphi_{uav}\sin\sigma_2'\right] \tag{7-44}$$

$$\rho\dot{\sigma}_2' = -v_u\left[\sin\varphi_{uav}\cos\sigma_2' - \cos(\psi_{uav} - \sigma_1')\cos\varphi_{uav}\sin\sigma_2'\right] \tag{7-45}$$

式(7－42)～式(7－45)建立了 UAV 与避障点 B_{avoid} 在三维空间的的运动学方程。

因为在避障过程中只改变 UAV 航迹角 φ_{uav}，所以下一步基于线性导引律设计航迹角 φ_{uav} 变化规律，使 UAV 到达避障点 B_{avoid}，并且到达该点时航迹角 φ_{uav} 满足避障要求。

这里需要说明的一点是，如果选择避障点为水平面上点 B_{xy} 对应的障碍物上的避障点，UAV 与该避障点之间的运动学方程仍可用式(7－42)～式(7－45)表示，唯一的不同只是此时只改变 UAV 航向角 ψ_{uav}，不改变航迹角 φ_{uav}。然后可基于线性导引律设计航向角 ψ_{uav} 变化规律，使 UAV 到达该避障点，并且到达避障点时航向角 ψ_{uav} 满足避障要求。

7.4.3 三维避障线性导引律设计

在 7.4.1 小节建立了 UAV 与避障点之间三维运动学方程。因此选定避障点后，可基于线性导引律设计航向角 ψ_{uav} 或航迹角 φ_{uav} 的导引律，使 UAV 可到达避障点，ψ_{uav} 或 φ_{uav} 满足避障要求。

线性导引律设计如下式所示：

$$\psi_{uav} = N_1\sigma_1' + m_1 e^{-d_1 t} + c_1 \tag{7-46}$$

$$\varphi_{uav} = N_2\sigma_2' + m_2 e^{-d_2 t} + c_2 \tag{7-47}$$

式(7－46)为 UAV 航向角 ψ_{uav} 的线性导引律，式(7－47)为 UAV 航迹角 φ_{uav} 的线性导引律。

参数 N_1、N_2、m_1、m_2、d_1、d_2 的选取原则与 7.3.1 小节一样，c_1、c_2 用来决定最后期望的航向角 ψ_{uav}^{des} 及期望的航迹角 φ_{uav}^{des}，使 UAV 在线性导引律导引下最后成功避开静态障碍物。

对于动态障碍物的三维避障设计，与静态障碍物相似，通过求解 UAV 相对动态障碍物的相对速度 v_{uo}，建立虚拟运动 UAV，使虚拟运动 UAV 以相对速度 v_{uo} 运动，则动态障碍物就转化为静态障碍物。然后设计线性导引律，改变相对速度的航向角 ψ_{rel} 或航迹角 φ_{rel} 进行避障。最后可把虚拟运动 UAV 的航向角或航迹角的变化转化为实际 UAV 的速度大小及方向角的变化，这里不再重复。

7.4.4 仿真分析

假设 UAV 在三维空间运行时发现障碍物，UAV 及障碍物的初始条件如表 7－2

所列，形状上均假设为半径 $R_P=2$ km 的圆，且障碍物匀速运动，UAV 可用过载 $n=5g$。

表 7-2　UAV 及障碍物初始条件

初始条件	(x,y,z)	$v/(\mathrm{m\cdot s^{-1}})$	$\psi/(°)$	$\varphi/(°)$
UAV	(0 km,0 km,0 km)	100	45	$\arctan(\sqrt{2}/2)$
障碍物	(10 km,10 km,10 km)	100	225	$\arctan(\sqrt{2}/2)+180$

由给定的 UAV 与障碍物初始速度的角度关系知，UAV 相对障碍物的初始速度 $v_{\mathrm{rel0}}=200$ m/s，$\psi_{\mathrm{rel0}}=45°$，$\varphi_{\mathrm{rel0}}=\arctan(\sqrt{2}/2)$，UAV 与障碍物相向运动，则 UAV 与障碍物存在相碰的危险。

1. UAV 通过改变航向角 ψ_{uav} 进行避障

首先选择避障点。结合图 7-10，选取避障点为 B_{xy}。经计算知，UAV 与障碍物圆心距离 $R_0=10\sqrt{2}$ km，B_{xy} 距 UAV 的距离 $r_0=13.6$ km，UAV 与避障点 B_{xy} 间的初始视线角 $\sigma_1=45°-\arcsin(2R_P/R_0)$，假设虚拟运动 UAV 运动过程中保持相对水平速度大小不变，则虚拟运动 UAV 到达水平避障点 B_{xy} 的时间 $t_{\mathrm{reach}}=r_0/(v_{\mathrm{rel0}}\cos\varphi_{\mathrm{rel0}})=85$ s。

在时间约束、机动约束及避障完成后航向角约束下，选择线性导引律参数如下：

$$N_1=4,\quad m_1=\arcsin(2R_P/R_0),\quad d_1=0.09,\quad c_1=-3\times[45°-\arcsin(2R_P/R_0)]$$

仿真结果见图 7-15～图 7-20。

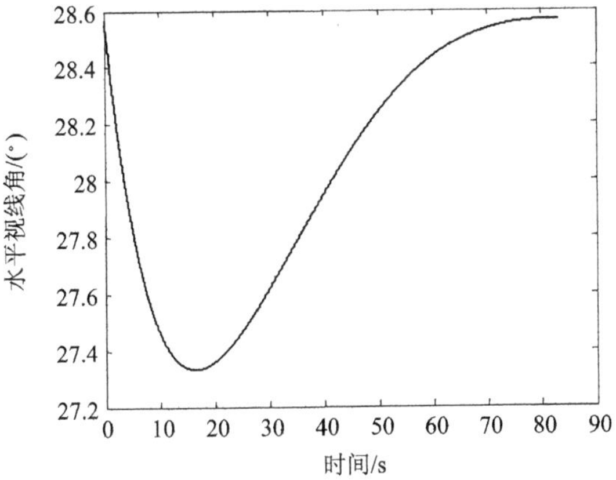

图 7-15　水平视线角变化示意图

图 7-15 为水平视线角变化示意图，由图可知在 $t=83$ s 时，虚拟运动 UAV 与避障点 B_{xy} 间水平视线角收敛到初始视线角方向，又由图 7-16 可知，此时 UAV 相对速度航向角与水平视线角相等，亦收敛到初始视线角方向，因此知，此时 UAV 已成功完成避障任务。图 7-17、图 7-18 为在保持水平相对速度大小不变的情况下，UAV 实际水平速度及航向角变化示意图；图 7-19 为 UAV 避障过程中所需法向过

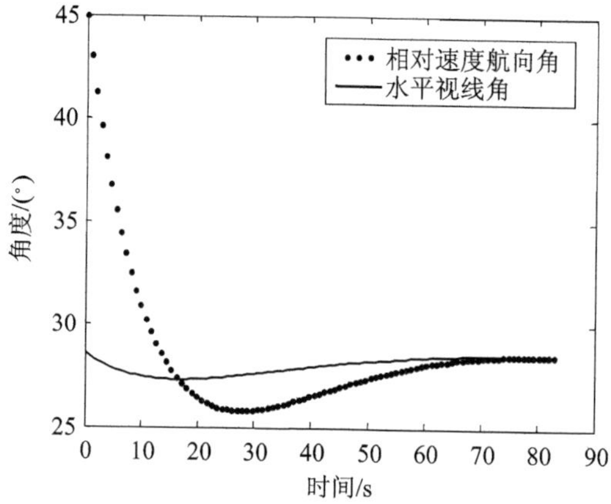

图 7-16　相对速度航向角变化示意图

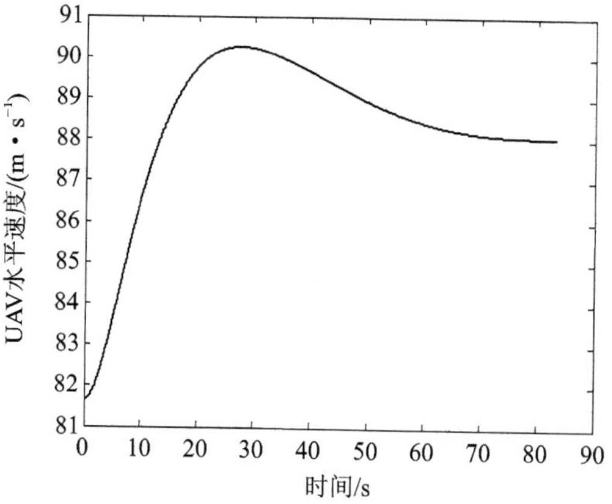

图 7-17　UAV 水平速度大小变化示意图

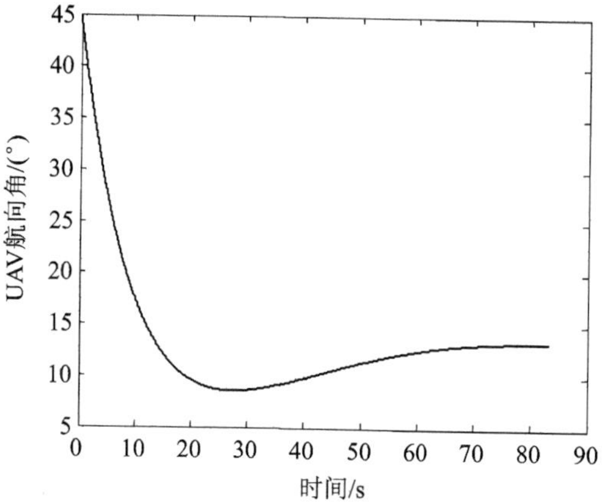

图 7-18　UAV 航向角变化示意图

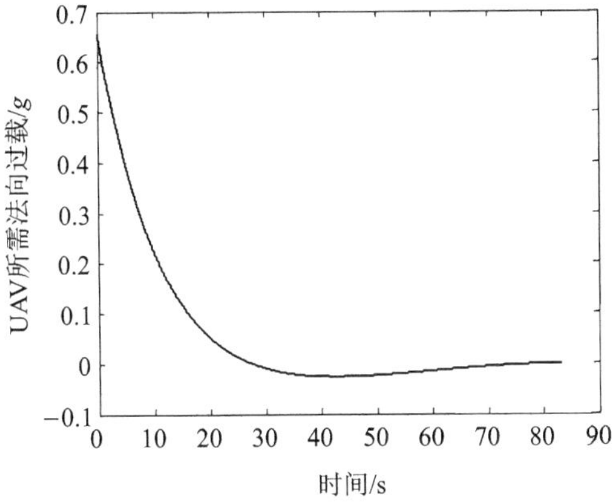

图 7-19　UAV 所需法向过载示意图

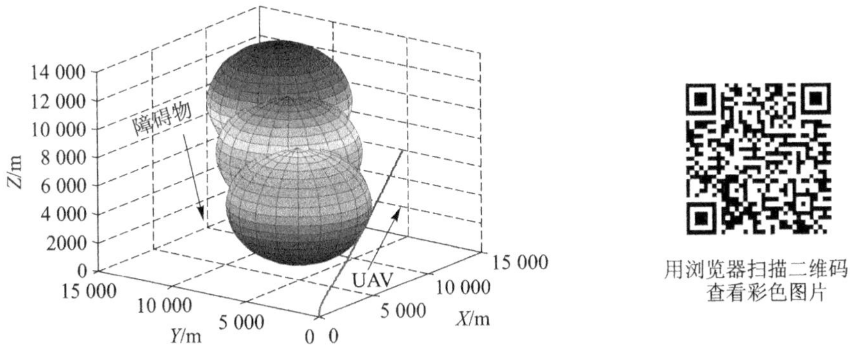

图 7-20　UAV 与障碍物运动示意图

载示意图，由图可看出 UAV 在运动过程中最大法向过载为 $n=0.65g$，小于 UAV 最大可承受法向过载，确保 UAV 能够实现水平速度及航向角的改变。图 7-20 描绘了 UAV 在三维空间的避障过程，由图可直观看出 UAV 在与障碍物相遇的时刻，假设障碍物不运动，UAV 以相遇时刻速度大小及方向运动（如蓝色运动轨迹线所示），运动方向与障碍物相切，因此设计的避障算法是正确的。

2. UAV 通过改变航迹角进行避障

首先选择避障点。结合图 7-13，选取避障点为 $A_{v_{u\_xy}z}$。经计算知，UAV 距障碍物圆心的初始距离 $\rho_0=10\sqrt{3}$ km，$A_{v_{u\_xy}z}$ 距 UAV 的初始距离 $\rho_0'=16.9$ km，UAV 与避障点 $A_{v_{u\_xy}z}$ 间的初始视线角 $\sigma_1=\arctan\dfrac{\sqrt{2}}{2}+\arcsin\dfrac{2R_P}{\rho_0}$，假设虚拟运动 UAV 运动过程中保持相对速度大小不变，则虚拟运动 UAV 到避障点 $A_{v_{u\_xy}z}$ 的时间为

$$t_{\text{reach}}=\rho_0'/200=84.5\text{ s}$$

在时间约束、机动约束及避障完成后航迹角约束条件下，选择线性导引律参数如下：

$$N_2=4,\quad m_2=\arcsin\frac{2R_P}{\rho_0},\quad d_1=0.09,\quad c_1=-3\times\left(\arctan\frac{\sqrt{2}}{2}-\arcsin\frac{2R_P}{\rho_0}\right)$$

仿真结果见图 7-21～图 7-26。

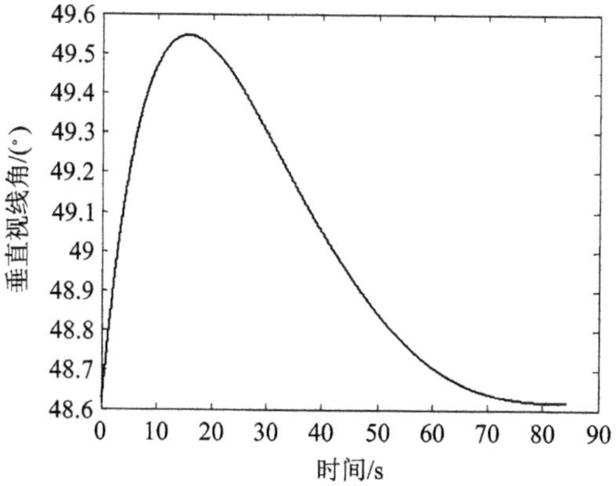

图 7-21 垂直视线角变化示意图

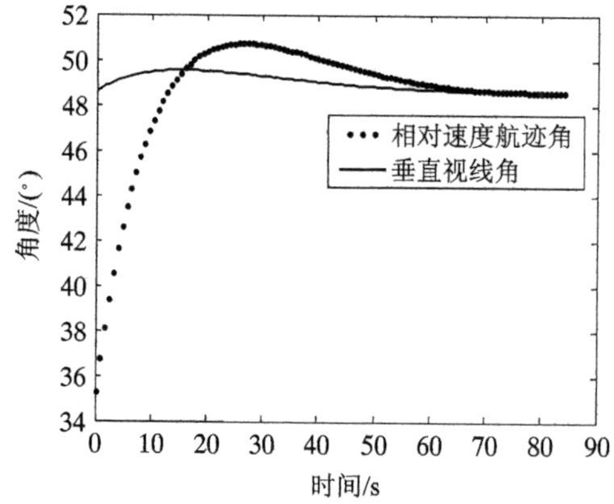

图 7-22 相对速度航迹角变化示意图

图 7-21 为垂直视线角变化示意图，由图可知在 $t=84$ s 时，虚拟运动 UAV 与避障点 $A_{v_{u\_xy^z}}$ 间垂直视线角收敛到初始垂直角方向，又由图 7-22 可知，此时 UAV 相对速度航迹角与垂直视线角相等，亦收敛到初始视线角方向，因此知此时 UAV 已成功完成避障任务。图 7-23、图 7-24 为在保持相对速度大小不变的情况下，UAV 实际速度大小及航迹角变化示意图；图 7-25 为 UAV 避障过程中所需法向过载示意图，由图可看出 UAV 在运动过程中最大法向过载为 $n=0.7g$，小于 UAV 最大可承受法向过载，确保 UAV 能够实现速度大小及航向角的改变。图 7-26 描绘了 UAV 在三维空间避障过程，由图可直观看出 UAV 在与障碍物相遇时刻，假设障碍

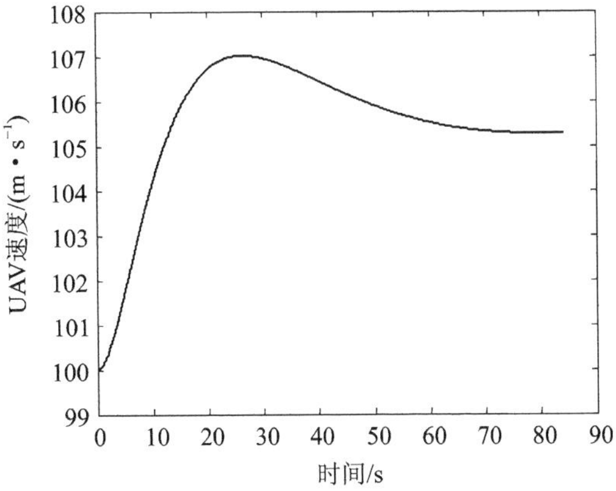

图 7-23　UAV 速度大小变化示意图

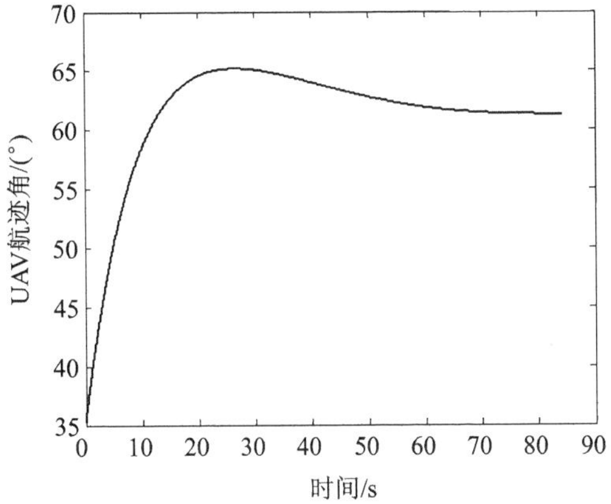

图 7-24　UAV 航迹角变化示意图

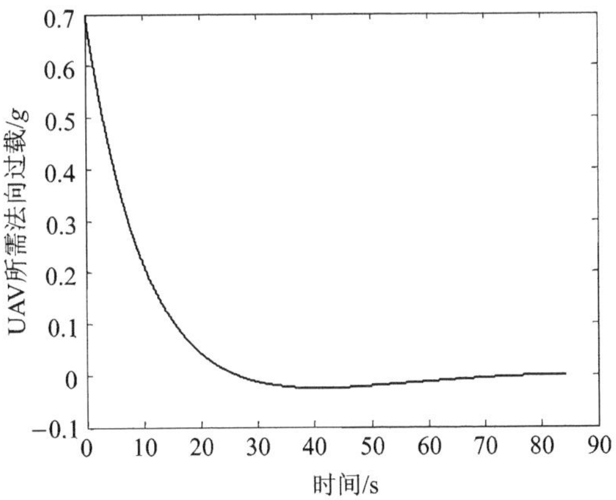

图 7-25　UAV 所需法向过载示意图

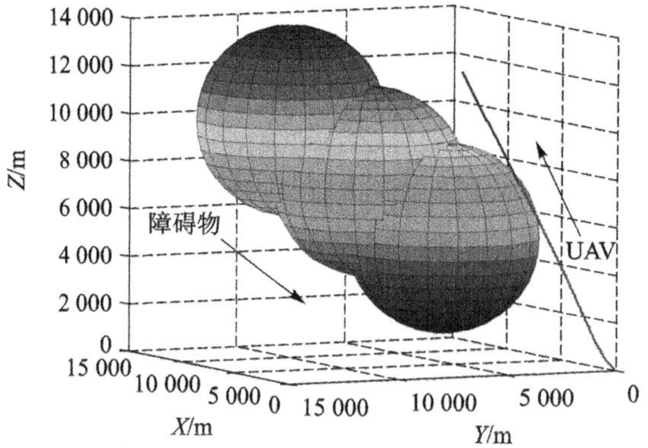

用浏览器扫描二维码，
查看彩色图片

图 7-26　UAV 与障碍物运动示意图

物不运动，UAV 以相遇时刻速度大小及方向运动（如蓝色运动轨迹线所示），运动方向与障碍物相切，因此设计的避障算法是正确的。

第 8 章 基于线性导引律的多障碍物避障及多 UAV 避碰研究

8.1 概 述

在现实情况下，UAV 在运动过程中并不会单纯地遇到一个障碍物，其飞行空间可能会同时存在多个障碍物或多个 UAV。因此研究 UAV 对多障碍物的避障及多 UAV 间的避碰问题具有非常实际的意义。通过第 7 章介绍的避障算法可知，基于线性导引律的避障算法原理简单，且具有避障后路径偏离原路径角度最小的优点，因此本章就基于线性导引律对 UAV 避开多障碍物及多 UAV 间的避碰等复杂情况展开研究，并对提出的算法进行仿真验证。

8.2 UAV 避开多障碍物研究

当 UAV 在空间运行同时发现多个障碍物需要避障时，如果各个障碍物之间距离较远，即 UAV 先后到达各个障碍物的时间间隔较长，则可基于线性导引律对各个障碍物分别进行避障。但如果障碍物之间距离较近，则 UAV 需统筹考虑同时避开多个障碍物。而 UAV 同时避开多障碍物可以以 UAV 同时避开两个障碍物为基础进行扩展，因此本节重点对 UAV 同时避开两个障碍物的情况进行研究。对于同时避开两个以上障碍物的情况，避障原理相同，不再重复叙述。

8.2.1 威胁判断

假设 UAV 在空间运动过程中，同时发现两个运动障碍物，如图 8-1 所示。

此时需要判断 UAV 与障碍物 B 及障碍物 C 间是否存在碰撞可能。

假设 UAV 及障碍物 B、障碍物 C 在形状上均可被认为是圆，且 UAV 半径为 r_{uav}，障碍物 B 的半径为 r_B，障碍物 C 的半径为 r_C。通过扩大障碍物 B 及 C 的半径，分别为 r_B+r_{uav} 和 r_C+r_{uav}，则可把 UAV 当作质点 A 处理。此时可得障碍物 B 的碰撞圆锥 MAN 及障碍物 C 的碰撞圆锥 KAL。

又知 UAV 的速度矢量为 $\boldsymbol{v}_u$，障碍物 B 的速度矢量为 $\boldsymbol{v}_B$，障碍物 C 的速度矢量为 $\boldsymbol{v}_C$，因此可得：

UAV 相对障碍物 B 的速度矢量为

$$\boldsymbol{v}_{uB}=\boldsymbol{v}_u-\boldsymbol{v}_B \tag{8-1}$$

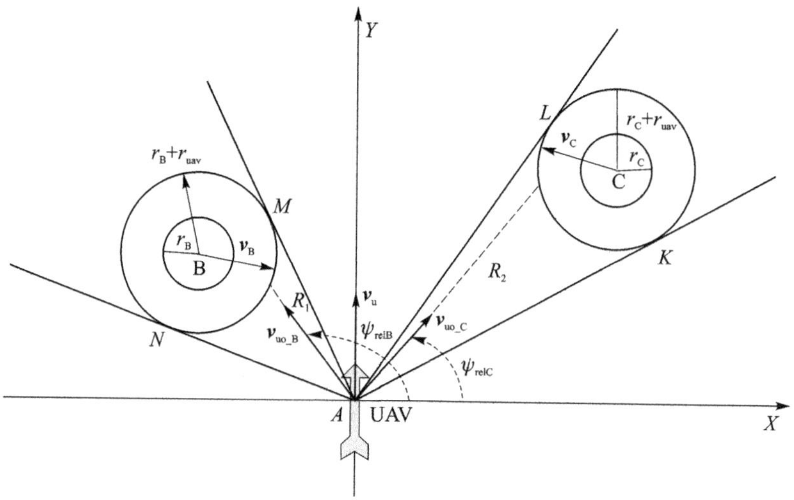

图 8-1　UAV 与两个障碍物间的几何关系示意图

式中,相对速度矢量 $\boldsymbol{v}_{uB}$ 的大小为 v_{uB},方向角为 ψ_{relB}。

UAV 相对障碍物 C 的速度矢量为

$$\boldsymbol{v}_{uC}=\boldsymbol{v}_u-\boldsymbol{v}_C \tag{8-2}$$

式中,相对速度矢量 $\boldsymbol{v}_{uC}$ 的大小为 v_{uC},方向角为 ψ_{relC}。

若相对速度矢量 $\boldsymbol{v}_{uB}$ 的方向角 ψ_{relB} 满足:

$$\angle XAM<\psi_{relB}<\angle XAN \tag{8-3}$$

则 UAV 与障碍物 B 存在碰撞危险。

同样,若相对速度矢量 $\boldsymbol{v}_{uC}$ 的方向角 ψ_{relC} 满足:

$$\angle XAK<\psi_{relC}<\angle XAL \tag{8-4}$$

则 UAV 与障碍物 C 存在碰撞危险。

由图 8-1 知式(8-3)、式(8-4)同时满足,因此 UAV 与障碍物 B 及障碍物 C 间均存在碰撞危险,UAV 需要采取对障碍物 B 及障碍物 C 进行避障。

8.2.2　避障策略描述

由图 8-1 知障碍物 B 及障碍物 C 均对 UAV 产生碰撞威胁,此时须确定是否需要同时对障碍物 B 及障碍物 C 进行避障。若需要同时进行避障,则须确定 UAV 采取避障措施时,UAV 速度大小、方向变化原则。

首先计算 UAV 分别到达障碍物 B 及障碍物 C 的时间。

由式(8-1)、式(8-2)可计算出相对速度矢量 $\boldsymbol{v}_{uB}$ 和 $\boldsymbol{v}_{uC}$ 的大小。又知 UAV 沿相对速度 $\boldsymbol{v}_{uB}$ 方向与障碍物 B 的障碍圆相遇的距离为 R_1,UAV 沿相对速度 $\boldsymbol{v}_{uC}$ 方向与障碍物 C 的障碍圆相遇的距离为 R_2,则 UAV 到达障碍物 B 的时间 t_{reachB} 为

$$t_{\text{reachB}} = \frac{R_1}{v_{\text{uB}}} \tag{8-5}$$

则 UAV 到达障碍物 C 的时间 t_{reachC} 为

$$t_{\text{reachC}} = \frac{R_2}{v_{\text{uC}}} \tag{8-6}$$

由图 8-1 可知，$R_1<R_2$，$v_{\text{uB}}>v_{\text{uC}}$，代入式(8-5)、式(8-6)，有

$$t_{\text{reachB}} < t_{\text{reachC}} \tag{8-7}$$

若 t_{reachB} 与 t_{reachC} 间隔相差不大，即

$$t_{\text{reachC}}/t_{\text{reachB}} < 2 \tag{8-8}$$

则 UAV 需采取措施同时对障碍物 B、C 进行避障。

在现实情况中，UAV 到达障碍物的时间越短，则障碍物危险等级越高，需第一时间采取措施进行避障。

由式(8-7)知，UAV 到达障碍物 B 的时间 t_{reachB} 小于 UAV 到达障碍物 C 的时间 t_{reachC}，则障碍物 B 的危险等级高于障碍物 C。因此在 UAV 采取措施进行避障时，必须首先保证可先避开障碍物 B，由此确立了 UAV 速度大小、方向变化的原则。

8.2.3　避障算法设计

在避障过程中假设 UAV 相对障碍物 B 的相对速度 $\boldsymbol{v}_{\text{uB}}$ 大小保持不变，由图 8-1 可知，若要求 UAV 快速避开障碍物 B 且避障完成后路径偏离原路径角度最小，相对速度 $\boldsymbol{v}_{\text{uB}}$ 需转向切线 AM 方向。此时 UAV 相对障碍物 B 的新的相对速度矢量为 $\boldsymbol{v}'_{\text{uB}}$。

此时可计算出相对速度增量为 $\Delta\boldsymbol{v}_{\text{uB}}$，即

$$\Delta\boldsymbol{v}_{\text{uB}} = \boldsymbol{v}'_{\text{uB}} - \boldsymbol{v}_{\text{uB}} \tag{8-9}$$

由于在避障过程中障碍物 B 的速度 $\boldsymbol{v}_{\text{B}}$ 未发生改变，则由式(4-1)知增量 $\Delta\boldsymbol{v}_{\text{uB}}$ 完全由 UAV 速度变化量 $\Delta\boldsymbol{v}_{\text{u}}$ 产生。因此可知：

$$\Delta\boldsymbol{v}_{\text{u}} = \Delta\boldsymbol{v}_{\text{uB}} \tag{8-10}$$

同时，在 UAV 避障过程中，障碍物 C 的速度 $\boldsymbol{v}_{\text{C}}$ 也未发生改变，因此当 UAV 速度变化量为 $\Delta\boldsymbol{v}_{\text{u}}$ 时，由式(8-2)知此时 UAV 相对障碍物 C 的相对速度变为 $\boldsymbol{v}'_{\text{uC}}$，且满足：

$$v'_{\text{uC}} = \boldsymbol{v}_{\text{uC}} + \Delta\boldsymbol{v}_{\text{u}} \tag{8-11}$$

此时判断 $\boldsymbol{v}'_{\text{uC}}$ 是否仍位于障碍物 C 的碰撞圆锥 KAL 内。

① 若 $\boldsymbol{v}'_{\text{uC}}$ 已不位于碰撞圆锥 KAL 内，则表明相对速度 $\boldsymbol{v}_{\text{uB}}$ 转向切线 AM 方向后，UAV 可同时成功避开障碍物 B 及 C。

此时可选择定点 M 为避障点，基于线性导引律设计避障算法，使虚拟运动 UAV 保持相对速度 $\boldsymbol{v}_{\text{uB}}$ 大小不变运动(此时障碍物 B 静止)，并到达避障点 M，且到达避障点 M 时 ψ_{relB} 收敛到初始 AM 切线方向 $\theta_{AM}(t_0)$。

基于图 8-1 建立虚拟运动 UAV 与静止避障点 M 之间的运动方程为

$$\dot{r}_{AM} = -v_{uB}\cos(\theta_{AM} - \psi_{relB}) \tag{8-12}$$

$$\dot{\theta}_{AM} r_{AM} = v_{uB}\sin(\theta_{AM} - \psi_{relB}) \tag{8-13}$$

式中，r_{AM} 为虚拟运动 UAV 与避障点 M 之间的距离，θ_{AM} 为虚拟运动 UAV 与避障点 M 间的视线角。

此时设计 ψ_{relB} 的线性导引律为

$$\psi_{relB}(t) = N_1\theta_{AM}(t) + c + b_0 e^{-b_1 t} \tag{8-14}$$

假设 UAV 发现障碍物的时刻为 t_0，虚拟运动 UAV 到达避障点 M 所需时间为 t_{reachM}，则 $\psi_{relB}(t)$ 需满足：

$$\psi_{relB}(t_0) = N_1\theta_{AM}(t_0) + c + b_0 \tag{8-15}$$

$$\psi_{relB}(t_0 + t_{reachM}) = \theta_{AM}(t_0) = N_1\theta_{AM}(t_0 + t_{reachM}) + c + b_0 e^{-b_1 t_{reachM}} \tag{8-16}$$

利用式(8-15)、式(8-16)、t_{reachM} 及 UAV 的过载约束，可确定参数 N_1、b_1 的取值范围及 b_0、c 的值。

则虚拟运动 UAV 在线性导引律式(8-14)的作用下可到达避障点 M，且到达避障点 M 时，相对速度方向收敛到初始视线角 $\theta_{AM}(t_0)$ 方向，确保 UAV 成功避开障碍物 B 和 C。

最后利用 4.3.3 小节式(4-32)、式(4-33)可求得实际 UAV 的运动情况。

② 若 $\boldsymbol{v}'_{uC}$ 仍位于碰撞圆锥 KAL 内，如图 8-2 所示。

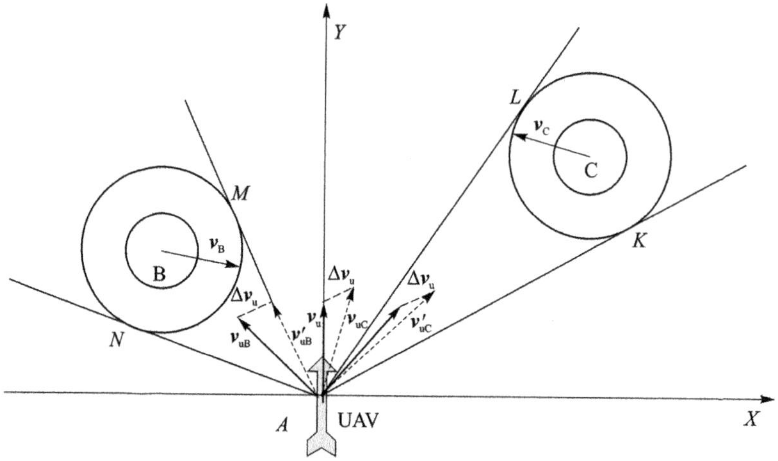

图 8-2　UAV 调整速度避障示意图(一)

要保证 UAV 可同时避开障碍物 B 和 C，此时需继续调整 $\boldsymbol{v}_{uB}$ 方向，使其在转到切线 AM 的基础上继续顺时针旋转，增大 $\Delta\boldsymbol{v}_{uB}$ 即增大 $\Delta\boldsymbol{v}_u$，使 $\boldsymbol{v}_{uC}$ 到达切线 AK 方向为止，此时 UAV 相对障碍物 B 的速度矢量为 $\boldsymbol{v}''_{uB}$，如图 8-3 所示。

针对图 8-3，此时选择避障点为在新的相对速度矢量 $\boldsymbol{v}''_{uB}$ 的方向上的定点 E，为确保 UAV 不与障碍物 B 相撞，此时选择 UAV 与避障点 E 之间的距离为初始时刻

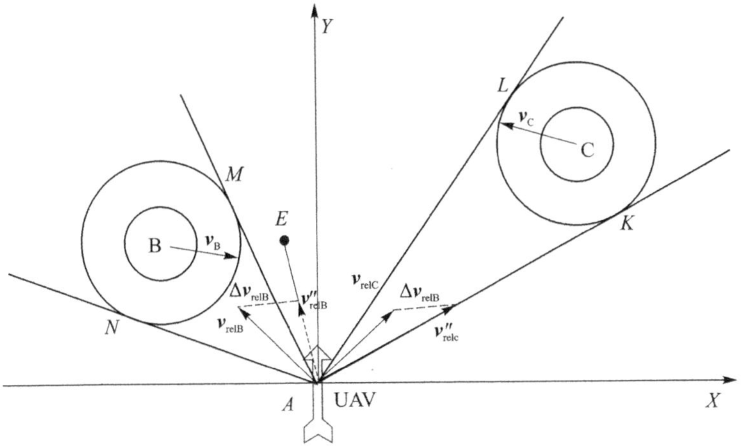

图 8-3　UAV 调整速度避障示意图(二)

UAV 沿相对速度 $\boldsymbol{v}_{uB}$ 方向到达障碍物 B 障碍圆的距离 R_1。

基于线性导引律设计避障算法，使虚拟运动 UAV 以相对速度 $\boldsymbol{v}_{uB}$ 运动(此时障碍物 B 静止)，并到达避障点 E，且到达避障点 E 时 ψ_{relB} 收敛到初始 AE 方向 $\theta_{AE}(t_0)$。

基于图 8-3 建立虚拟运动 UAV 与静止避障点 E 之间的运动方程：

$$\dot{r}_{AE} = -v_{relB}\cos(\theta_{AE} - \psi_{relB}) \tag{8-17}$$

$$\dot{\theta}_{AE} r_{AE} = v_{relB}\sin(\theta_{AE} - \psi_{relB}) \tag{8-18}$$

式中，r_{AE} 为虚拟运动 UAV 与避障点 E 之间的距离，θ_{AE} 为虚拟运动 UAV 与避障点 E 间的视线角。

此时设计 $\psi_{relB}(t)$ 的线性导引律为

$$\psi_{relB}(t) = N_2\theta_{AE}(t) + c'b'_0 e^{-b'_1 t} \tag{8-19}$$

假设 UAV 发现障碍物的时刻为 t_0，虚拟运动 UAV 到达避障点 E 所需的时间为 t_{reachE}，则 ψ_{relB} 需满足：

$$\psi_{relB}(t_0) = N_2\theta_{AE}(t_0) + c' + b'_0 \tag{8-20}$$

$$\psi_{relB}(t_0 + t_{reachE}) = \theta_{AE}(t_0) = N_2\theta_{AE}(t_0 + t_{reachE}) + c' + b'_0 e^{b'_1 t_{reachE}} \tag{8-21}$$

利用式(8-20)、式(8-21)、t_{reachE} 及 UAV 的过载约束，可确定参数 N_2、b'_1 的取值范围及 b'_0、c' 的值。

则虚拟运动 UAV 在线性导引律式(8-18)的作用下可到达避障点 E，且 UAV 成功避开障碍物 B 和 C。

同样，最后利用 4.3.3 小节式(4-32)、式(4-33)可求得实际 UAV 的运动情况。

对于 UAV 同时避开两个以上障碍物时，分析情况与同时避开两个障碍物类似，这里不再重复。

8.2.4 仿真分析

为验证上述 UAV 基于线性导引律进行多障碍物避障方法的有效性，利用 MATLAB 软件对避障方法进行仿真。

假设 UAV 在二维平面运行时，同时发现两个障碍物 B 和 C。UAV 及障碍物 B 和 C 的初始条件如表 8－1 所列，形状均假设为半径 $R=500$ m 的圆，且障碍物 B 和 C 匀速运动。UAV 可用过载 $n=5g$。

表 8－1 UAV 与障碍物初始条件

初始条件	(x,y)	$v/(\mathrm{m}\cdot\mathrm{s}^{-1})$	$\psi/(°)$
UAV	(0 m,0 m)	100	90
障碍物 B	$(-1\,500\sqrt{2}$ m,$1\,500\sqrt{2}$ m)	100	0
障碍物 C	$(2\,000\sqrt{2}$ m,$2\,000\sqrt{2}$ m)	100	180

经计算知，UAV 相对障碍物 B 及障碍物 C 的速度都位于各自障碍物的障碍圆内，因此需采取措施同时避开两个障碍物，避障过程原理示意图如图 8－3 所示。选取参数为 $N_2=4$，$b_1'=0.4$，$b_0'=1.02$ rad，$c'=4$ rad，仿真结果见图 8－4～图 8－9。

由避障点 E 选取原则知，UAV 保持相对速度大小 $v_{\mathrm{uB}}=100\sqrt{2}$ m/s 不变至到达避障点 E 的所需时间 $t_{\mathrm{reach}E}\geqslant\dfrac{\sqrt{(1\,500\sqrt{2})^2+(1\,500\sqrt{2})^2}-2\times500}{100\sqrt{2}}$ s$=14$ s。假设 UAV 发现障碍物的时刻为 $t=0$ s，由图 8－4、图 8－5 知 UAV 相对障碍物 B 的相对

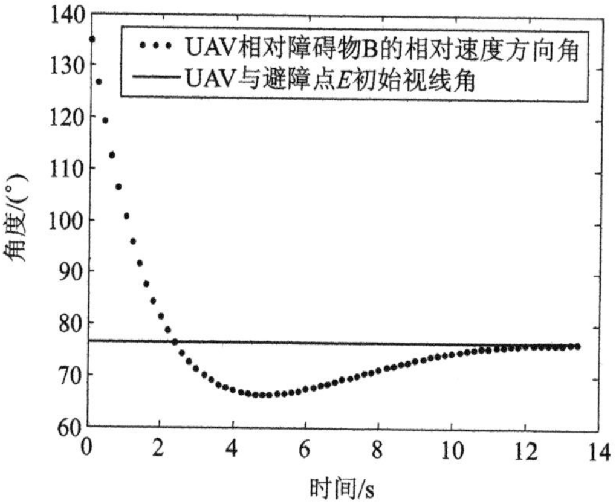

图 8－4 相对速度方向角 ψ_{relB} 变化示意图

速度方向角 ψ_{relB} 及 UAV 相对障碍物 C 的相对速度方向角 ψ_{relC} 均在 $t\approx 13.8$ s 时收敛到避障要求角度，表明参数选择符合要求。

图 8－6、图 8－7 分别为 UAV 实际速度大小及方向角变化示意图。图 8－8 为 UAV 避障过程中所需法向过载变化示意图，由图可看出 UAV 所需最大法向过载 $n_{max}<5g$ 满足机动性能约束。图 8－9 为 UAV 避开障碍物 B 及 C 的运动示意图，在 UAV 运动方向上的第一个虚线圆表示 UAV 到达避障点 K 与障碍物 C 相切，第二个虚线圆表示 UAV 在与障碍物 C 相切后，UAV 以避障后速度大小、方向运动。由图可看出 UAV 与障碍物 C 距离逐渐增大，表明 UAV 可成功避开障碍物 B 及障碍物 C。

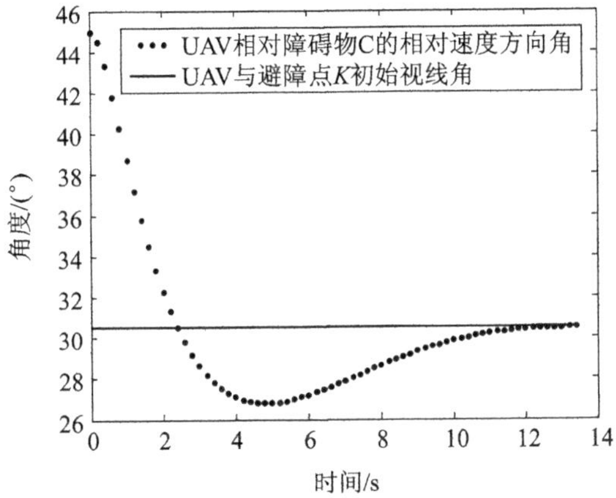

图 8－5　相对速度方向角 ψ_{relC} 变化示意图

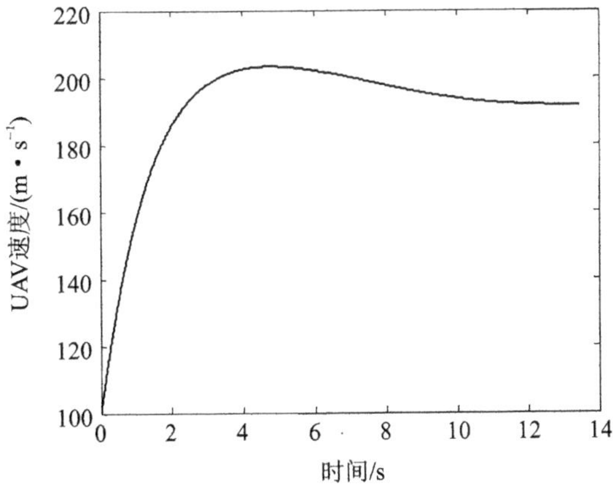

图 8－6　UAV 实际速度大小变化示意图

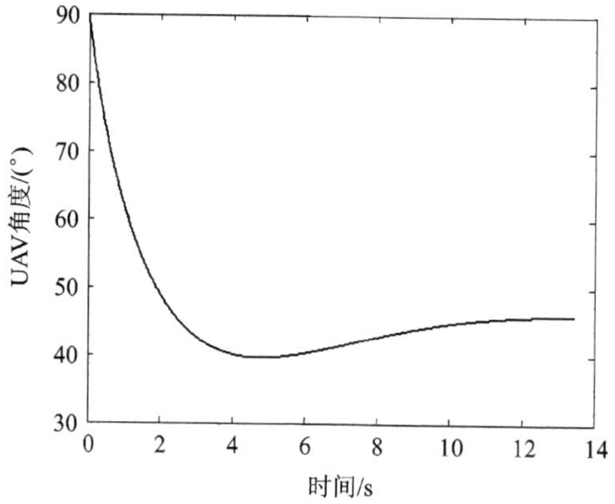

图 8-7　UAV 实际速度方向角变化示意图

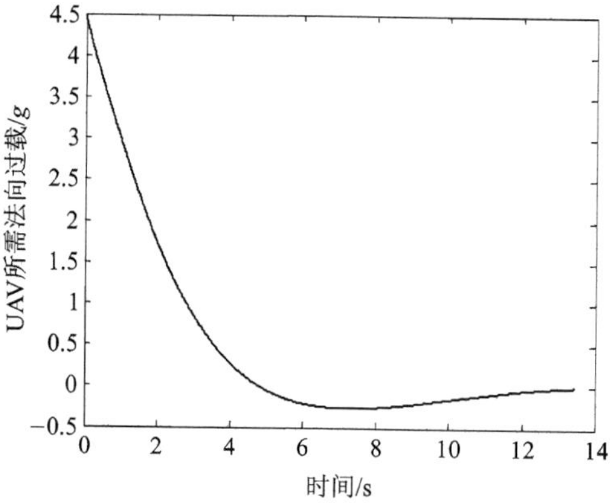

图 8-8　UAV 避障过程中所需法向过载变化示意图

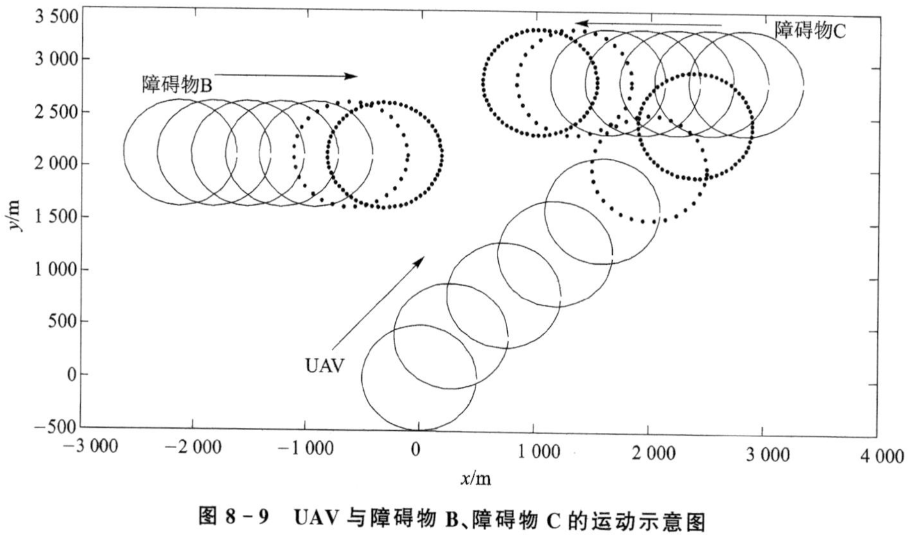

图 8-9　UAV 与障碍物 B、障碍物 C 的运动示意图

8.3　多 UAV 间避碰研究

在现实环境下,UAV 运动过程中遇到的威胁,不全是一些可能造成碰撞危险的敌对障碍物,也可能是友方的 UAV。假如两 UAV 之间的相对速度位于各自 UAV 的安全半径内,则两 UAV 就存在相碰的危险,要保证运行安全,UAV 需采取措施进行避碰。

由前面的避障算法设计知,在 UAV 遇到障碍物进行避障时,由于无法对障碍物的速度进行改变,因此避障采取的措施是基于导引律对 UAV 的速度进行改变,确保 UAV 顺利避开障碍物。

但针对多 UAV 间的避碰问题,与 UAV 遇到障碍物进行避障存在很大的不同。不同之处之一在于当 UAV 间采取措施进行避碰时,两个 UAV 都可以基于导引律对各自的速度进行改变,从而达到避碰的目的。

而多 UAV 间的避碰问题可以以两个 UAV 间避碰为基础进行扩展,因此本节重点对两个 UAV 间的避碰问题进行研究,对于两个以上 UAV 间的避碰问题,避碰原理相同,不再重复叙述。

8.3.1　威胁判断

考虑最严峻的情况,即两个 UAV 在空间相向运动,相互之间的相对速度位于各自安全半径内,则两个 UAV 间存在碰撞的危险,如图 8-10 所示。

在图 8-10 中,UAV A 的半径为 r_A,UAV B 的半径为 r_B。分别扩大 UAV A 与 UAV B 的半径,可得到 UAV A 的碰撞圆锥为 MBN 及 UAV B 的碰撞圆锥为 OAP。

UAV A 的速度矢量为 $\boldsymbol{v}_A$,UAV B 的速度矢量为 $\boldsymbol{v}_B$,由 UAV A 与 UAV B 相向运动可知,$\boldsymbol{v}_A$ 及 $\boldsymbol{v}_B$ 位于圆心 A、B 的连线上。

UAV A 相对 UAV B 的速度矢量为

$$\boldsymbol{v}_{AB}=\boldsymbol{v}_A-\boldsymbol{v}_B \tag{8-22}$$

式中,相对速度大小为 v_{AB},方向角为 $\psi_{v_{AB}}$。

UAV B 相对 UAV A 的速度矢量为

$$\boldsymbol{v}_{BA}=\boldsymbol{v}_B-\boldsymbol{v}_A \tag{8-23}$$

式中,相对速度大小为 v_{BA},方向角为 $\psi_{v_{BA}}$。

由此可知:相对速度矢量 $\boldsymbol{v}_{AB}$ 与 $\boldsymbol{v}_{BA}$ 大小相等、方向相反,并且都在圆心 A、B 的连线上;$\boldsymbol{v}_{AB}$ 位于碰撞圆锥 OAP 内,$\boldsymbol{v}_{BA}$ 位于碰撞圆锥 MBN 内,UAV A 与 UAV B 间存在碰撞危险,需采取措施进行避碰。

由 UAV A 扩大后的半径为 r_A+r_B,UAV B 扩大后的半径也为 r_A+r_B 知,圆锥角 $\angle MBN=\angle OAP$,且切线 AO 平行于切线 BN,切线 AP 平行于切线 MB,即

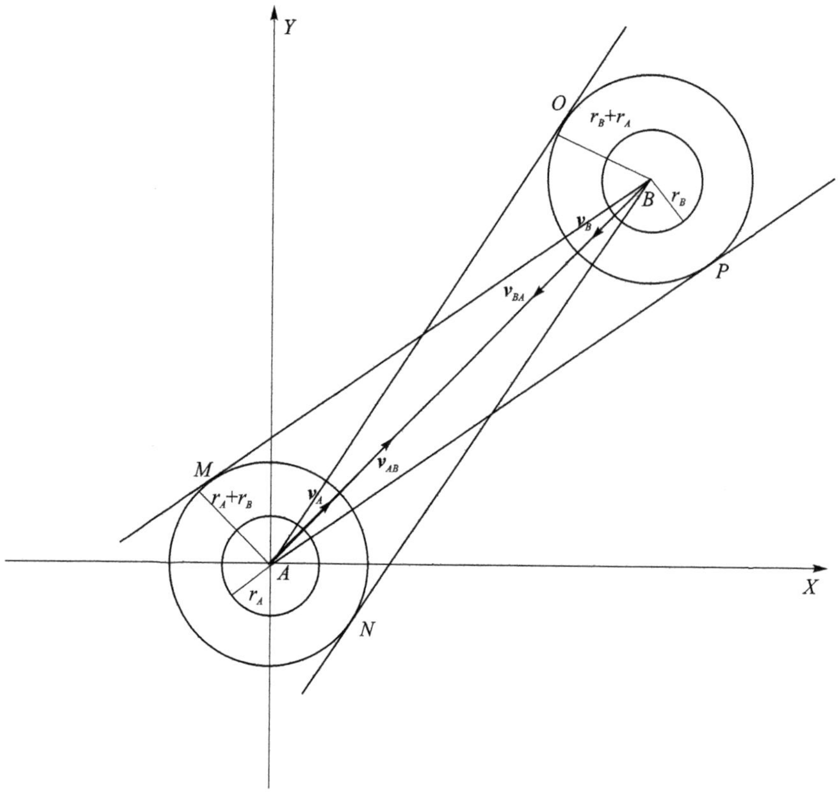

图 8-10　两个 UAV 间存在碰撞危险的示意图

$AO /\!/ BN$，$AP /\!/ BM$。

又由式(8-22)、式(8-23)知 $\boldsymbol{v}_{AB} /\!/ \boldsymbol{v}_{BA}$，因此即使 UAV A 与 UAV B 不相向运动，只要 $\boldsymbol{v}_{AB}$ 位于碰撞锥 OAP 内，则 $\boldsymbol{v}_{BA}$ 一定位于碰撞锥 MBN 内，UAV A 与 UAV B 存在碰撞危险。

8.3.2　避碰策略描述

同样假设 UAV 间为最危险碰撞情况，即 UAV A 与 UAV B 相向运动，相对速度 $\boldsymbol{v}_{AB}$ 与 $\boldsymbol{v}_{BA}$ 位于圆心 A、B 的连线上，如图 8-10 所示。

此时假设 UAV B 速度 $\boldsymbol{v}_B$ 不变，基于线性导引律改变 UAV A 速度 $\boldsymbol{v}_A$，调整相对速度 $\boldsymbol{v}_{AB}$ 于切线 AO 方向，由 $\boldsymbol{v}_{AB} /\!/ \boldsymbol{v}_{BA}$、$AO /\!/ BN$ 知相对速度 $\boldsymbol{v}_{BA}$ 将相应地调整至切线 BN 方向。

同样，若假设 UAV A 速度 $\boldsymbol{v}_A$ 不变，基于线性导引律改变 UAV B 速度 $\boldsymbol{v}_B$，调整相对速度 $\boldsymbol{v}_{BA}$ 于切线 BN 方向，由 $\boldsymbol{v}_{AB} /\!/ \boldsymbol{v}_{BA}$、$BN /\!/ AO$ 知相对速度 $\boldsymbol{v}_{AB}$ 将相应地调整至切线 AO 方向。

因此对 UAV 间采取措施进行避碰，可存在以下几种情况：

① 相对速度改变量完全由一个 UAV 承担,另一个 UAV 按照原路径飞行。

这种情况与前面讲的 UAV 避开障碍物情形相同,即把另一个 UAV 当作障碍物处理。

② 相对速度改变量由两个 UAV 各自按比例承担。

因为 UAV 间相对速度及避障切线存在各种平行关系,同时两个 UAV 都有机动功能,因此可基于任务重要性或完成综合指标最优要求对需要改变的相对速度量按比例分配给两个 UAV,进行协调避碰。

对于情况①不再重复叙述,下面重点对情况②进行介绍。

8.3.3　避碰算法设计

由 8.3.2 小节分析知,UAV A 及 UAV B 要完成相互之间的避碰任务,若假设 UAV B 速度 $\boldsymbol{v}_B$ 不变,从 UAV A 的角度来看,相对速度 $\boldsymbol{v}_{AB}$ 要调整至切线 AO 方向,新的相对速度为 $\boldsymbol{v}'_{AB}$。假设相对速度 $\boldsymbol{v}_{AB}$ 的大小保持不变,则相对速度的改变量为 $\Delta\boldsymbol{v}_{AB}$,即 $\Delta\boldsymbol{v}_{AB}=\boldsymbol{v}'_{AB}-\boldsymbol{v}_{AB}$,如图 8-11 所示。

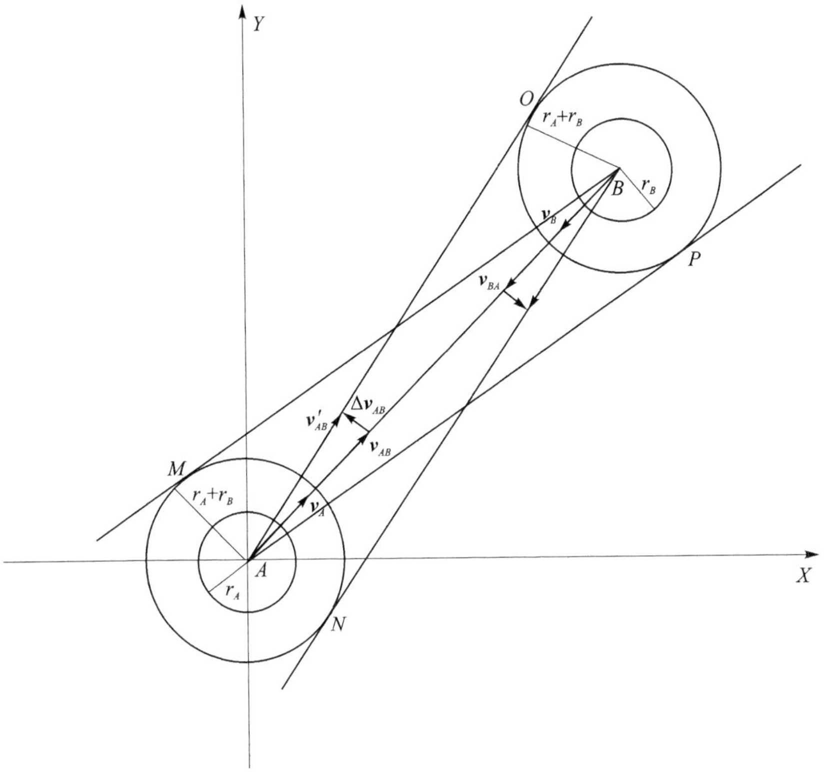

图 8-11　UAV A 调整速度避碰示意图

假设 $\Delta\boldsymbol{v}_{AB}$ 完全由 UAV A 承担,即把 UAV B 当作障碍物来处理,则有 $\Delta\boldsymbol{v}_A=$

$\Delta \boldsymbol{v}_{AB}$。因此基于线性导引律设计相对速度 $\boldsymbol{v}_{AB}$ 的导引律，选定避障点为 O 点，则可实时求得相对速度改变量 $\Delta \boldsymbol{v}_{AB}$，进而可求得 UAV A 速度改变量 $\Delta \boldsymbol{v}_{A}$。

若 UAV 间协调避碰，则可按比例分配相对速度改变量 $\Delta \boldsymbol{v}_{AB}$ 于 UAV A 及 UAV B。下面选取两种特殊情况进行研究。

1. UAV *A* 及 UAV *B* 各承担避碰任务的 1/2

由 UAV A 及 UAV B 各承担避碰任务的 1/2 知，UAV A 速度的改变量为 $\Delta \boldsymbol{v}'_A = \Delta \boldsymbol{v}_{AB}/2$，UAV B 速度的改变量为 $\Delta \boldsymbol{v}'_B = \Delta \boldsymbol{v}_{BA}/2 = -\Delta \boldsymbol{v}_{AB}/2$，如图 8-12 所示。

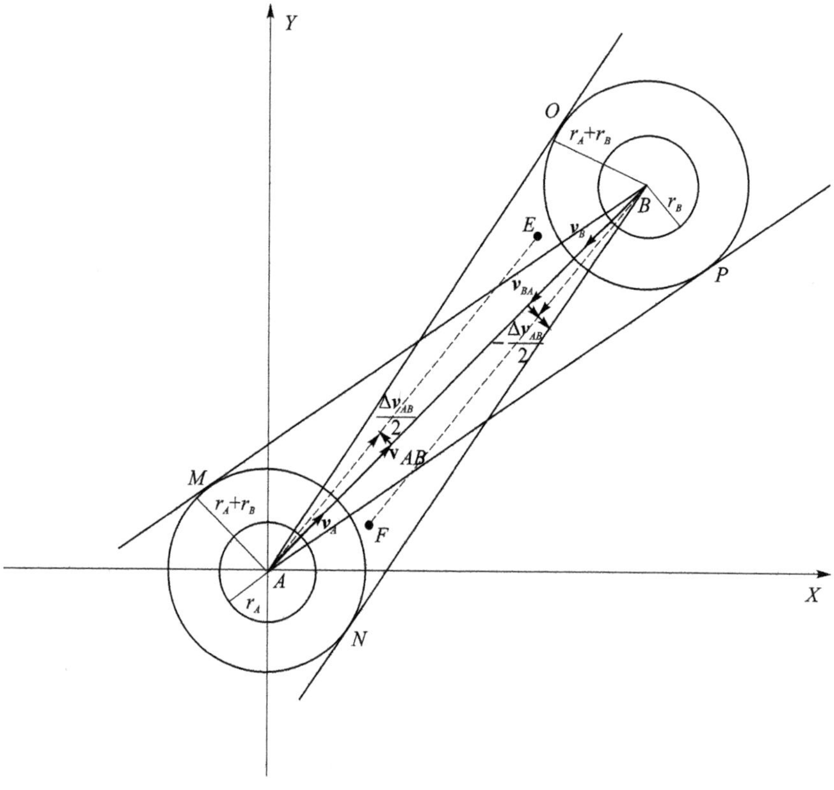

图 8-12 UAV *A* 与 UAV *B* 分别调整速度避碰示意图

对于 UAV A，新的相对速度 $\boldsymbol{v}_{AB\text{new}}$ 为

$$\boldsymbol{v}_{AB\text{new}} = \boldsymbol{v}_{AB} + \Delta \boldsymbol{v}'_A = \boldsymbol{v}_{AB} + \frac{\Delta \boldsymbol{v}_{AB}}{2} \tag{8-24}$$

针对图 8-12，此时选择避碰点为在新的相对速度 $\boldsymbol{v}_{AB\text{new}}$ 的方向上的定点 E，且 UAV A 与避碰点 E 之间的距离为初始时刻 UAV A 沿相对速度 $\boldsymbol{v}_{AB}$ 方向与 UAV B 障碍圆相遇的距离。

基于线性导引律设计避障算法，使虚拟运动 UAV A' 保持相对速度大小 v_{AB} 不变运动(此时 UAV B 静止)，并到达避碰点 E，且到达避碰点 E 时 $\boldsymbol{v}_{AB\text{new}}$ 位于 AE

方向。

基于图 8-12 建立虚拟运动 UAV A'与静止避碰点 E 之间的运动方程为

$$\dot{r}_{AE} = -v_{AB}\cos(\theta_{AE} - \psi_{v_{AB}}) \tag{8-25}$$

$$\dot{\theta}_{AE} r_{AE} = v_{AB}\sin(\theta_{AE} - \psi_{v_{AB}}) \tag{8-26}$$

式中，r_{AE} 为虚拟运动 UAV A'与避碰点 E 之间的距离，θ_{AE} 为虚拟运动 UAV A'与避碰点 E 之间的视线角。

此时设计 $\psi_{v_{AB}}(t)$的线性导引律为

$$\psi_{v_{AB}}(t) = N_1\theta_{AE}(t) + c + b_0 e^{-b_1 t} \tag{8-27}$$

假设 UAV A 发现 UAV B 的时刻为 t_0，虚拟运动 UAV A'到达避碰点 E 所需时间为 $t_{\text{reach}E}$，则 $\psi_{v_{AB}}(t)$需满足：

$$\psi_{v_{AB}}(t_0) = N_1\theta_{AE}(t_0) + c + b_0 \tag{8-28}$$

$$\psi_{v_{AB}}(t_0 + t_{\text{reach}E}) = \theta_{AE}(t_0) = N_1\theta_{AE}(t_0 + t_{\text{reach}E}) + c + b_0 e^{-b_1 t_{\text{reach}E}} \tag{8-29}$$

利用式(8-28)、式(8-29)、$t_{\text{reach}E}$ 及 UAV 的过载约束，可确定参数 N_1、b_1 的取值范围及 b_0、c 的值。

则虚拟运动 UAV A'在线性导引律式(8-26)的作用下到达避碰点 E，且到达该点时，

$$\psi_{v_{AB}}(t_0 + t_{\text{reach}E}) = \theta_{AE}(t_0)$$

最后利用 7.3.3 小节式(7-32)、式(7-33)可求得实际 UAV A 的运动情况。

同样对 UAV B，新的相对速度 $\boldsymbol{v}_{BA\text{new}}$ 为

$$\boldsymbol{v}_{BA\text{new}} = \boldsymbol{v}_{BA} + \Delta\boldsymbol{v}'_B = \boldsymbol{v}_{BA} - \frac{\Delta\boldsymbol{v}_{AB}}{2} \tag{8-30}$$

针对图 8-12，此时选择避碰点为在新的相对速度 $\boldsymbol{v}_{BA\text{new}}$ 方向上的定点 F，由平行关系知，UAV B 与避碰点 F 之间的距离与 UAV A 与避碰点 E 之间的距离相等。

基于线性导引律设计避障算法，使虚拟运动 UAV B'保持相对速度大小 v_{BA} 不变运动(此时 UAV A 静止)，并到达避碰点 F，且到达避碰点 F 时 $\boldsymbol{v}_{BA\text{new}}$ 位于 BF 方向。

基于图 8-12 建立虚拟运动 UAV B'与静止避碰点 F 之间的运动方程为

$$\dot{r}_{BF} = -v_{BA}\cos(\theta_{BF} - \psi_{v_{BA}}) \tag{8-31}$$

$$\dot{\theta}_{BF} r_{BF} = v_{BA}\sin(\theta_{BF} - \psi_{v_{BA}}) \tag{8-32}$$

式中，r_{BF} 为虚拟运动 UAV B'与避碰点 F 之间的距离，θ_{BF} 为虚拟运动 UAV B'观察避碰点 F 的视线角。

此时设计 $\psi_{v_{BA}}(t)$的线性导引律为

$$\psi_{v_{BA}}(t) = N_2\theta_{BF}(t) + c' + b'_0 e^{-b'_1 t} \tag{8-33}$$

假设 UAV B 发现 UAV A 的时刻为 t_0，虚拟运动 UAV B'到达避碰点 F 所需

的时间为 $t_{\text{reach }F}$，则 $\psi_{v_{BA}}(t)$需满足：

$$\psi_{v_{BA}}(t_0)=N_2\theta_{BF}(t_0)+c'+b_0' \tag{8-34}$$

$$\psi_{v_{BA}}(t_0+t_{\text{reach}F})=\theta_{BF}(t_0)=N_2\theta_{BF}(t_0+t_{\text{reach}F})+c'+b_0'e^{-b_1't_{\text{reach}F}} \tag{8-35}$$

利用式(8－34)、式(8－35)、$t_{\text{reach}F}$ 及 UAV 的过载约束，可确定参数 N_2、b_1'的取值范围及 b_0'、c'的值。

则虚拟运动 UAV B'在线性导引律式(8－32)的作用下到达避碰点 F，且到达该点时，

$$\psi_{BA}(t_0+t_{\text{reach}F})=\theta_{BF}(t_0)$$

同样，最后利用 7.3.3 小节式(7－32)、式(7－33)可求得实际 UAV B 的运动情况。

2. *UAV* A 承担避碰任务的 2/3，*UAV* B 承担避碰任务的 1/3

由 UAV A 承担避碰任务的 2/3，UAV B 承担避碰任务的 1/3 知，UAV A 速度的改变量为 $\Delta\boldsymbol{v}_A'=\dfrac{2\Delta\boldsymbol{v}_{AB}}{3}$，UAV B 速度的改变量为 $\Delta\boldsymbol{v}_B'=\dfrac{\Delta\boldsymbol{v}_{BA}}{3}=-\dfrac{\Delta\boldsymbol{v}_{AB}}{3}$。

参考式(8－24)、式(8－30)知，对于 UAV A，新的相对速度 $\boldsymbol{v}_{AB\text{new}}'$为

$$\boldsymbol{v}_{AB\text{new}}'=\boldsymbol{v}_{AB}+\Delta\boldsymbol{v}_A'=\boldsymbol{v}_{AB}+\frac{2\Delta\boldsymbol{v}_{AB}}{3} \tag{8-36}$$

对于 UAV B，新的相对速度 $\boldsymbol{v}_{BA\text{new}}'$为

$$\boldsymbol{v}_{BA\text{new}}'=\boldsymbol{v}_{BA}+\Delta\boldsymbol{v}_B'=\boldsymbol{v}_{BA}-\frac{\Delta\boldsymbol{v}_{AB}}{3} \tag{8-37}$$

与 UAV A 及 UAV B 各承担避碰任务的 1/2 相似，在 $\boldsymbol{v}_{AB\text{new}}'$方向上选一避碰点 E'，基于线性导引律使 $\boldsymbol{v}_{AB}$ 最终导引到 $\boldsymbol{v}_{AB\text{new}}'$方向上，同样在 $\boldsymbol{v}_{BA\text{new}}'$方向上选一避碰点 F'，基于线性导引律使 $\boldsymbol{v}_{BA}$ 最终导引到 $\boldsymbol{v}_{BA\text{new}}'$方向上，这样避碰的结果就是 UAV A 承担避碰任务的 2/3，UAV B 承担避碰任务的 1/3。

最后利用 7.3.3 小节式(7－32)、式(7－33)可求得实际 UAV A、UAV B 的运动情况。

对 UAV 间的协调避碰措施总结如下：

① 确定相对速度改变量，并确定各 UAV 承担相对速度改变量的百分比。

② 基于各 UAV 承担相对速度改变量的百分比，确定各自新的相对速度的方向。

③ 在新的相对速度方向上，选择避碰点，并且 UAV 到该避碰点的距离要小于或等于 UAV 沿该方向到达另一个 UAV 的距离。

④ 建立 UAV 与该避碰点的运动学方程，并设计线性导引律，选择合适的参数，使 UAV 到达避碰点时，相对速度最终可导引到新的相对速度方向上。

⑤ 由相对速度改变量，实时确定 UAV 的速度改变量，从而得到 UAV 的运动路径。

8.3.4 仿真分析

假设 UAV A 和 UAV B 在二维平面运行，初始条件如表 8-2 所列，形状均假设为半径 $R=2\ 300$ m 的圆，UAV A 和 UAV B 可用过载均为 $n=5g$。

表 8-2 UAV 与障碍物初始条件

初始条件	(x,y)	$v/(\text{m}\cdot\text{s}^{-1})$	$\psi/(°)$
UAV A	(0 m,0 m)	100	45
UAV B	(10 000 m, 10 000 m)	100	225

经计算知，UAV A 及 UAV B 相向运动，存在碰撞危险，因此需采取措施进行避碰。

下面分两种情况进行仿真。

1. UAV *A* 及 UAV *B* 各承担避碰任务的 1/2

选取参数：$N_1=4$，$b_1=0.13$，$b_0=-0.165\ 6$ rad，$c=-2.853$ rad，$N_2=4$，$b'_1=0.13$，$b'_0=-0.165\ 6$ rad，$c'=-12.277\ 8$ rad。仿真结果见图 8-13～图 8-21。

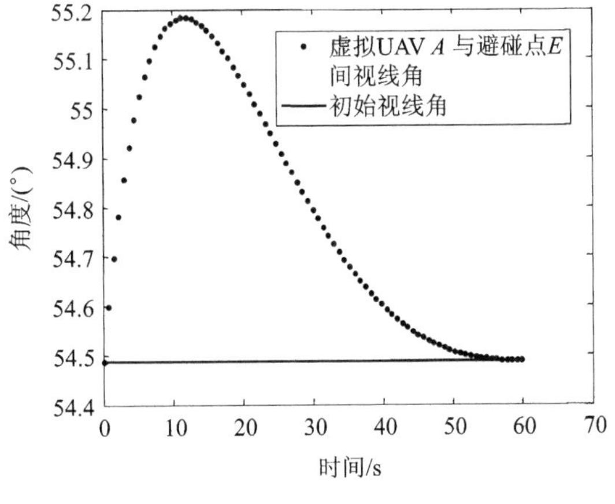

图 8-13 UAV A 视线角变化示意图

由避碰点 E 的选取原则知，虚拟运动 UAV A 到达避碰点 E 的所需时间为

$$t_{\text{reach}E} \geqslant \frac{\sqrt{(10\ 000)^2+(10\ 000)^2}-2\times 2\ 300}{100\sqrt{2}}\ \text{s}=67.5\ \text{s}$$

又由于 UAV A 及 UAV B 各承担避碰任务的 1/2，知 UAV A 及 UAV B 的速度改变量相等，则虚拟运动 UAV B 到达避碰点 F 的所需时间亦为 $t_{\text{reach}F}\geqslant 67.5$ s。假设 UAV 发现障碍物时 $t=0$ s，由图 8-13、图 8-17 知虚拟运动 UAV A 与避碰点 E 间的视线角及虚拟运动 UAV B 与避碰点 F 间的视线角均在 $t\leqslant 67.5$ s 的时间内收敛到期望的角度，表明参数选取符合要求，图 8-16、图 8-20 给出了 UAV A 及

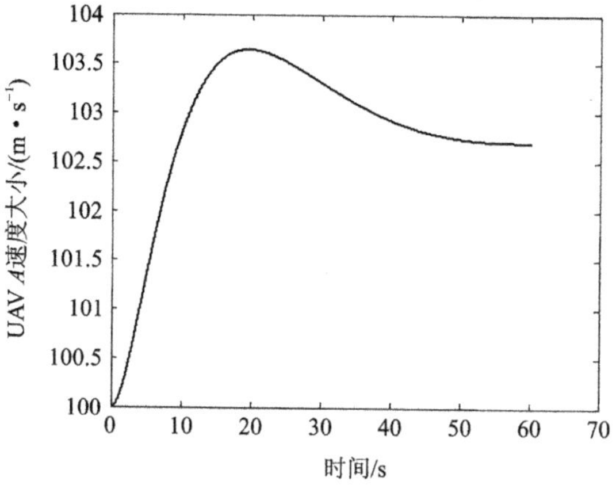

图 8-14　UAV A 速度大小变化示意图

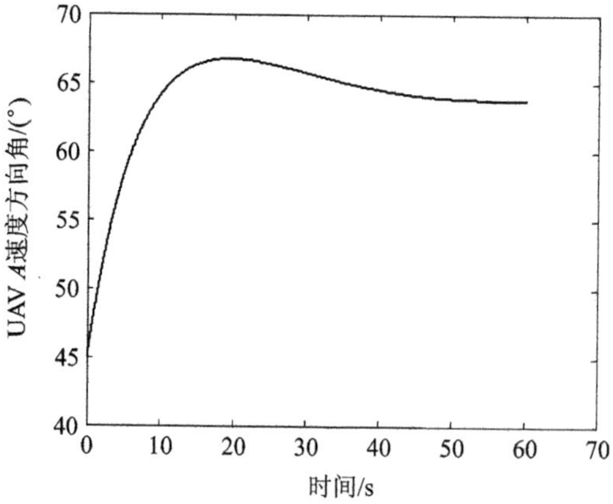

图 8-15　UAV A 速度方向角示意图

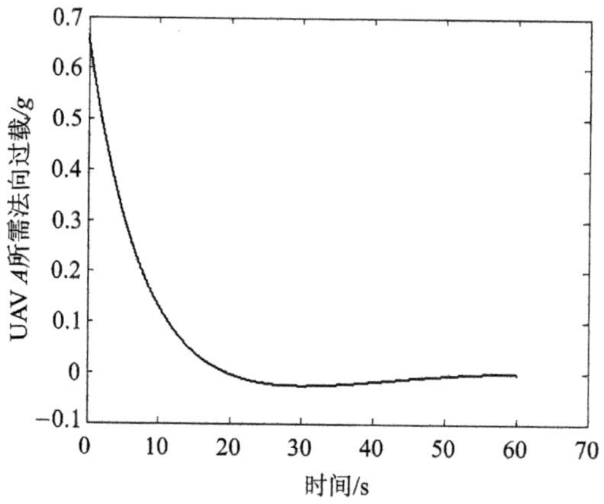

图 8-16　UAV A 避障过程所需法向过载示意图

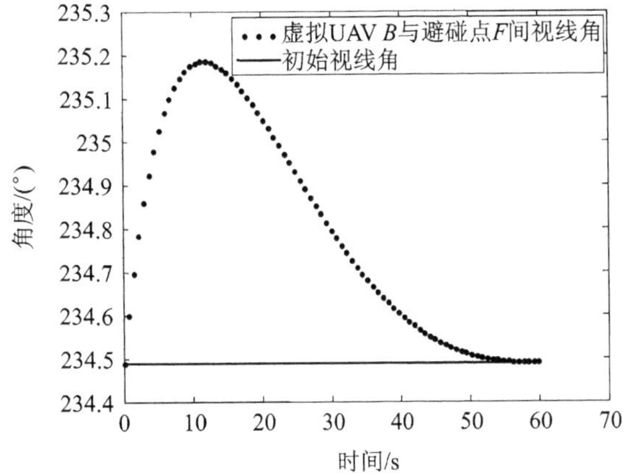

图 8 - 17　UAV *B* 视线角变化示意图

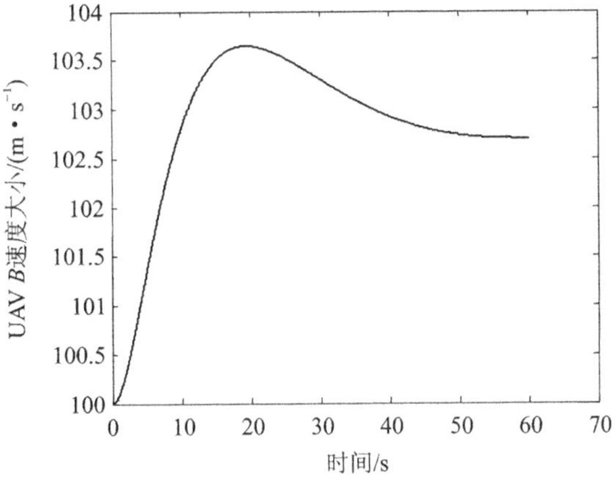

图 8 - 18　UAV *B* 速度大小变化示意图

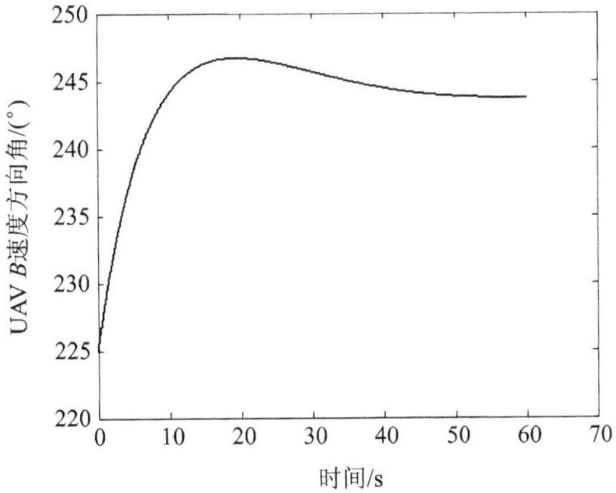

图 8 - 19　UAV *B* 速度方向角示意图

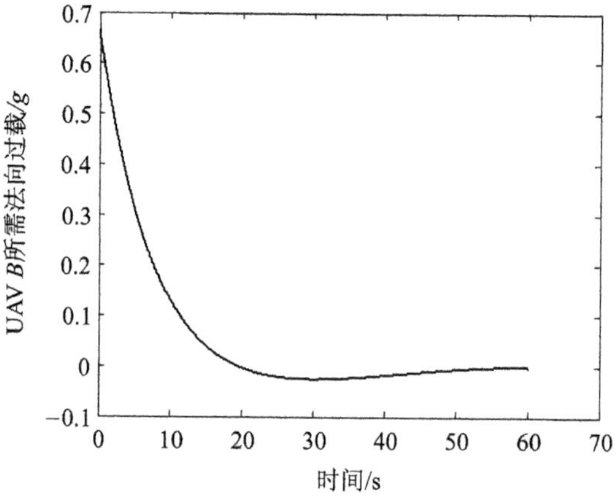

图 8-20 UAV *B* 避障过程所需法向过载示意图

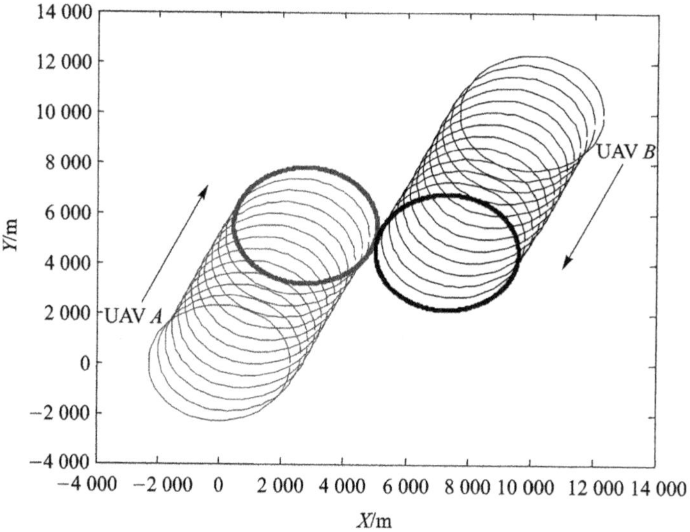

图 8-21 UAV A 与 UAV *B* 避碰运动示意图

UAV *B* 避碰过程中所需法向过载示意图，由图可知，所需法向过载小于最大过载 $n=5g$，参数选择合理。同时，可看出 UAV *A* 及 UAV *B* 所需法向过载相等，验证了各承担避碰任务的 1/2 的避碰策略。图 8-14、图 8-15 及图 8-18、图 8-19 分别给出了 UAV *A* 及 UAV *B* 的速度大小及方向角变化示意图。在图 8-21 中可看出，当 UAV *A* 及 UAV *B* 相遇时，两者正好相切，证明了避碰方法的有效性。

2. UAV A 承担避碰任务的 2/3，UAV *B* 承担避碰任务的 1/3

选取参数：$N_1=$，$b_1=0.13$，$b_0=-0.220\ 9$ rad，$c=-3.018\ 9$ rad，$N_2=4$，$b'_1=0.13$，$b'_0=-0.110\ 4$ rad，$c'=-12.112\ 2$ rad。仿真结果见图 8-22～图 8-30。

由避碰点 E'、F' 的选取原则知虚拟运动 UAV *B* 到达避碰点 F' 的所需时间

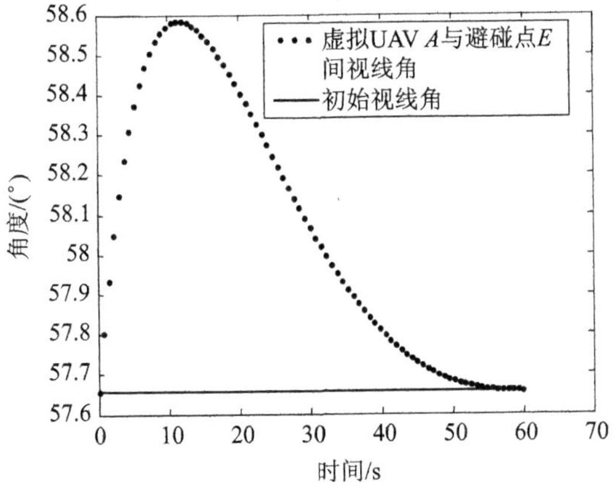

图 8-22　UAV A 视线角变化示意图

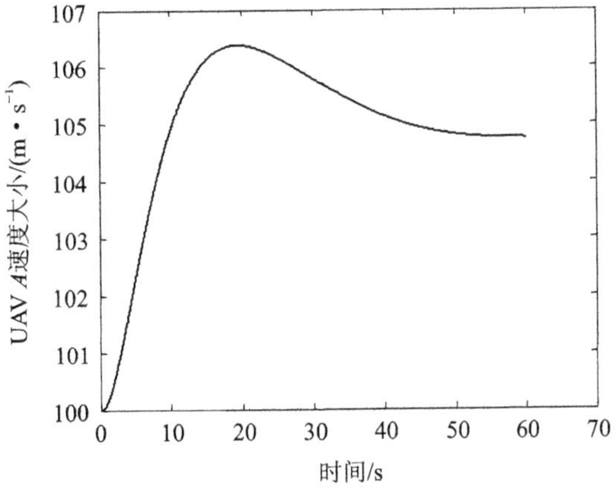

图 8-23　UAV A 速度大小变化示意图

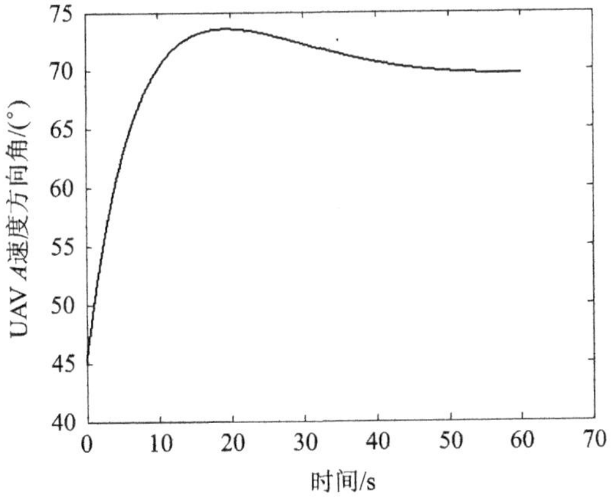

图 8-24　UAV A 速度方向角示意图

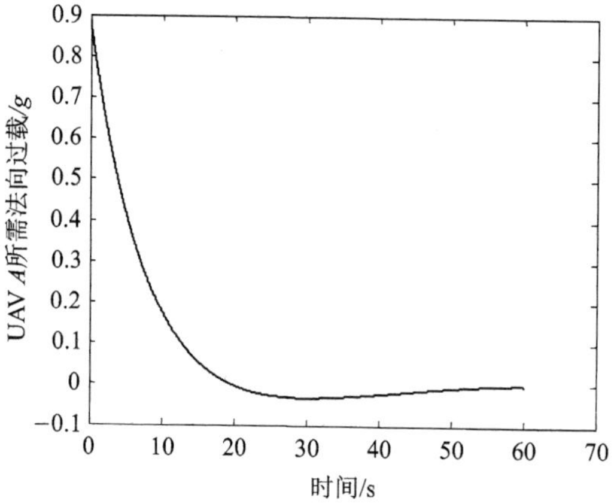

图 8－25　UAV A 避障过程所需法向过载示意图

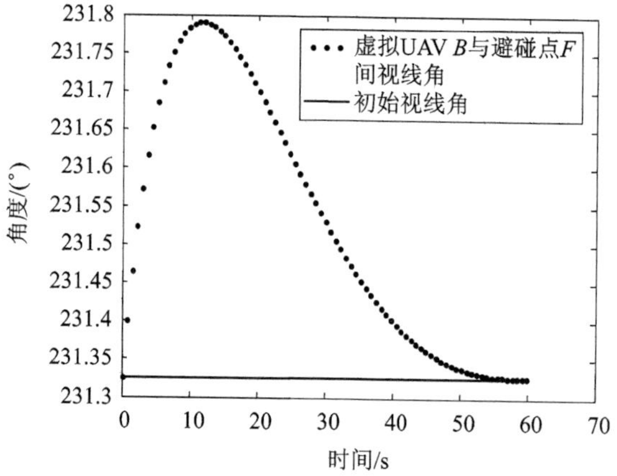

图 8－26　UAV B 视线角变化示意图

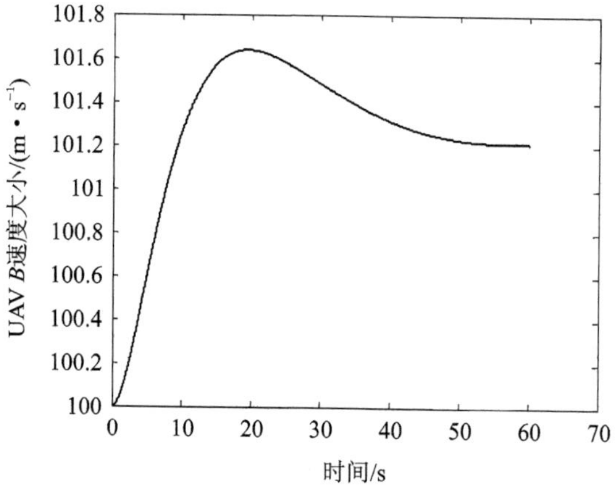

图 8－27　UAV B 速度大小变化示意图

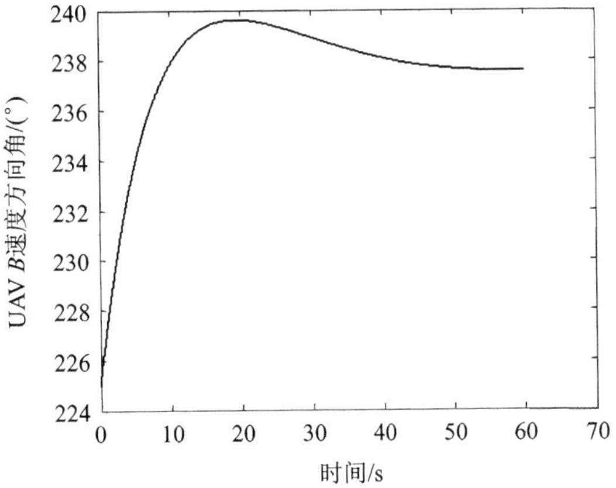

图 8－28　UAV *B* 速度方向角示意图

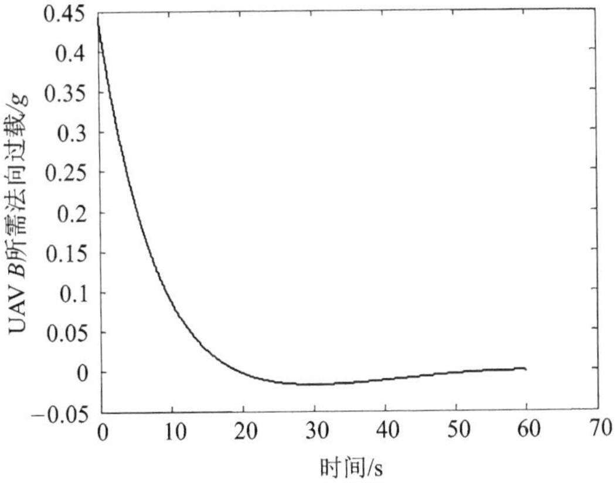

图 8－29　UAV *B* 避障过程所需法向过载示意图

$t_{\text{reach}F'}$ 比虚拟运动 UAV A 到达避碰点 E' 的所需时间 $t_{\text{reach}E'}$ 短，因此知虚拟运动 UAV A 与避碰点 E' 间的视线角及虚拟运动 UAV B 与避碰点 F' 间的视线角必须在 $t_{\text{reach}F'}$ 时间内收敛到期望的角度。

计算知：

$$t_{\text{reach}F'} \geqslant \frac{\sqrt{(10\ 000)^2+(10\ 000)^2}-2\times 2\ 300}{100\sqrt{2}}\ \text{s}=67.5\ \text{s}$$

假设 UAV 发现障碍物时 $t=0$ s，由图 8－22、图 8－26 知虚拟运动 UAV A 与避碰点 E' 间的视线角及虚拟运动 UAV B 与避碰点 F' 间的视线角均满足在 $t_{\text{reach}F'}$ 的时间内收敛到期望的角度，表明参数选取符合要求。图 8－25、图 8－29 给出了 UAV A 及 UAV B 避碰过程中所需法向过载示意图，由图可知，所需法向过载小于最大过载 $n=5g$，参数选择合理。同时，可看出 UAV A 及 UAV B 所需法向过载大小不相

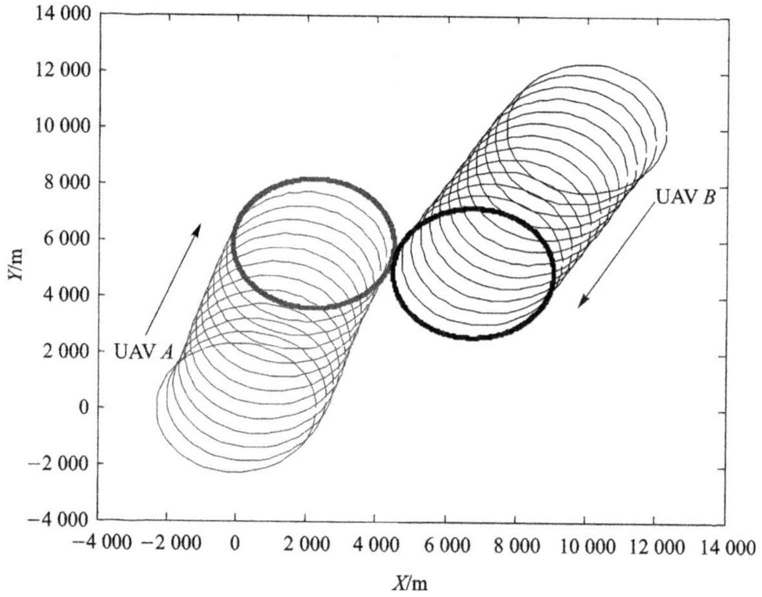

图 8-30　UAV A 与 UAV B 避碰运动示意图

等，且 UAV A 所需法向过载为 UAV B 所需法向过载的两倍，验证了 UAV A 承担避碰任务的 2/3、UAV B 承担避碰任务的 1/3 的避碰策略。图 8-23、图 8-24 及图 8-27、图 8-28 分别给出了 UAV A 及 UAV B 的速度大小及方向角变化示意图。在图 8-30 中可看出，当 UAV A 及 UAV B 相遇时，两者正好相切，证明了避碰方法的有效性。

第9章 基于Terminal滑模控制的UAV避障研究

9.1 概 述

基于比例导引律及线性导引律的UAV避障导引算法，虽然取得了不错的避障效果，但其前提是导引过程中所需的变量如障碍物速度值、角速度值、视线角速度值等可被精确测得，导引律参数不发生变化，外界环境对导引过程不产生干扰等，这些理想条件在实际操作过程中是不可能都得到满足的。因此在UAV避障过程中，制导律的设计必须考虑系统的鲁棒性，使系统具有良好的抗干扰能力。由于滑模变结构控制具有对参数变化及扰动不灵敏、物理实现简单等优点，因此基于滑模变结构控制理论设计UAV避障算法成为一种选择。

同时，要确保UAV成功避开障碍物，又必须满足避障完成时间小于UAV到达障碍物时间。因此在考虑鲁棒性及避障完成时间的基础上，提出了基于Terminal滑模控制的UAV避障算法。通过Terminal滑模控制律，使UAV在确保系统鲁棒性的基础上，UAV相对障碍物的相对速度可以在有限时间内转移到碰撞锥之外，达到避障的目的。通过仿真验证，可以证明该方法的有效性。

9.2 理论基础

本节首先介绍滑模变结构控制的相关概念，然后进一步引入Terminal滑模控制的定义及与普通滑模控制的区别。

9.2.1 滑模变结构控制

滑模变结构控制本质上是一类特殊的非线性控制，其非线性表现为控制的不连续性，即控制系统“结构”随时间变化的开关特性。在控制过程中，可以根据被控制系统当前的状态(如偏差及其各级导数等)有目的的变化控制系统的结构，迫使系统按照预定的“滑动模态”的状态轨迹作小幅度、高频率的上下运动。由于滑动模态可以设计，且与系统的参数及扰动无关，因此处于滑模运动的系统具有很好的鲁棒性。

下面介绍滑模变结构控制的概念和特性。

1. 滑动模态的定义及数学表达式

考虑一般的情况，假设存在系统

$$\dot{x}=f(x) \quad x \in \mathbf{R}^n \tag{9-1}$$

在系统式(9－1)表示的状态空间中，设计一个切换面

$$s(x)=s(x_1,x_2,\cdots,x_n)=0 \tag{9-2}$$

则切换面式(9－2)将状态空间分成 $s>0$ 及 $s<0$ 上、下两部分。

因此，在切换面上就存在具有不同特性的三种点，如图 9－1 所示。

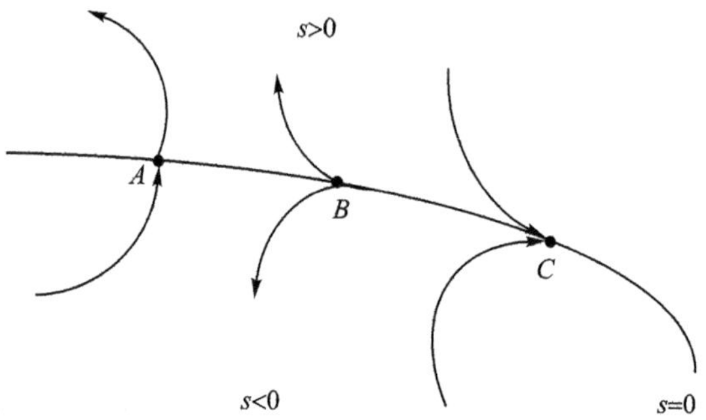

图 9－1　空间切换面示意图

① A 点表明系统运动点运动到切换面 $s=0$ 附近时，系统运动点穿越此点而过，定义类似点为通常点；

② B 点表明系统运动点运动到切换面 $s=0$ 附近时，系统运动点从切换面两边离开该点，定义类似点为起始点；

③ C 点表明系统运动点运动到切换面 $s=0$ 附近时，系统运动点从切换面两边趋向于该点，定义类似点为终止点。

如果在切换面上某一区域内所有的点都是终止点，则一旦系统运动点趋近于该区域，就会被“吸引”到切换面上运动。此时，称在切换面 $s=0$ 上所有的点都是终止点的区域为“滑动模态”区。系统在滑模区中的运动就叫做“滑模运动”。

按照滑动模态区上的点都是终止点这一要求，当系统运动点到达切换面 $s(x)=0$ 附近时，必有

$$\left.\begin{aligned}\lim_{s\to 0^+}\dot{s}\leqslant 0\\ \lim_{s\to 0^-}\dot{s}\geqslant 0\end{aligned}\right\} \tag{9-3}$$

式(9－3)也可写成

$$\lim_{s\to 0} s\dot{s}\leqslant 0 \tag{9-4}$$

因此若函数 $s(x_1,x_2,\cdots,x_n)$ 为滑模函数，即 $s(x_1,x_2,\cdots,x_n)$ 为滑模面，则必须满足式(9－4)，同时由李雅普诺夫稳定性理论知，系统本身稳定于 $s=0$。

2. 滑模变结构控制的定义

滑模变结构控制的基本问题如下：

设有一控制系统

$$\dot{x}=f(x,u,t),\quad x\in\mathbf{R}^n, u\in\mathbf{R}^m, t\in\mathbf{R} \tag{9-5}$$

确定切换函数

$$s(x),\quad s\in\mathbf{R}^m \tag{9-6}$$

求解控制函数

$$u=\begin{cases}u^+(x), & s(x)>0\\ u^-(x), & s(x)<0\end{cases} \tag{9-7}$$

式中，$u^+(x)\neq u^-(x)$，使得：

① 滑动模态存在，即式(9-7)成立，使切换函数式(9-6)满足式(9-4)；

② 满足可达性条件，在切换面 $s(x)=0$ 以外的运动点都将于有限时间内到达切换面；

③ 保证滑模运动的稳定性。

于是定义满足上面三个条件的控制叫滑模变结构控制。

9.2.2　Terminal 滑模控制

在普通的滑模控制中，通常会选择一个线性的滑动超平面 $s(x)$，使系统到达滑动模态后，跟踪误差渐进地收敛到零。渐进收敛的速度可以通过调整滑模面参数来实现，但无论如何状态跟踪误差都不会在有限时间内收敛到零。

近年来，为了获得更好的性能，一些学者提出了 Terminal 滑模控制策略[84-85]。该策略在滑动超平面 $s(x)$的设计中引入了非线性函数，使得在滑模面上跟踪误差能够在有限时间内收敛到零。因此，Terminal 滑模控制是通过设计一种动态非线性滑模面方程来实现的，即在保证滑模控制稳定性的基础上，使系统状态在指定的有限时间内达到对期望状态的完全跟踪。例如，参考文献[86]将动态非线性滑模面方程设计为 $s=x_2+\beta x_1^{q/p}$，其中 $p>q$，p 和 q 为正的奇数，$\beta>0$，则可保证跟踪误差能在有限时间内收敛到零，但容易出现奇异问题；参考文献[87]等探讨了非奇异 Terminal 滑模控制的设计问题，并针对 N 自由度刚性机器人的控制进行了验证；参考文献[88]采用模糊规则设计了 Terminal 滑模控制器的切换项，并通过自适应算法对切换项增益进行自适应模糊调节，实现了非匹配不确定性时变系统的 Terminal 滑模控制，同时降低了抖振；参考文献[89]设计了一类不确定线性系统的动态 Terminal 全局滑模变结构控制器，有效地消除了 Terminal 滑模控制中的抖振问题。

在对 Terminal 滑模控制理论充分理解的基础上，本章利用 Terminal 滑模控制理论来解决制导律在 UAV 避障过程中易受外界环境干扰等问题。首先基于几何关系确定 UAV 最优避障方向，然后基于 Terminal 滑模控制设计避障算法，使 UAV 运动方向在有限时间内收敛到避障方向，保证 UAV 成功避开障碍物。具体分析过程见下面几节。

9.3 碰撞问题描述及运动学方程

本节对 UAV 与障碍物之间的碰撞问题描述与 8.2.1 小节一样，这里不再重复描述。UAV 与障碍物之间的几何关系示意图见图 9-2。

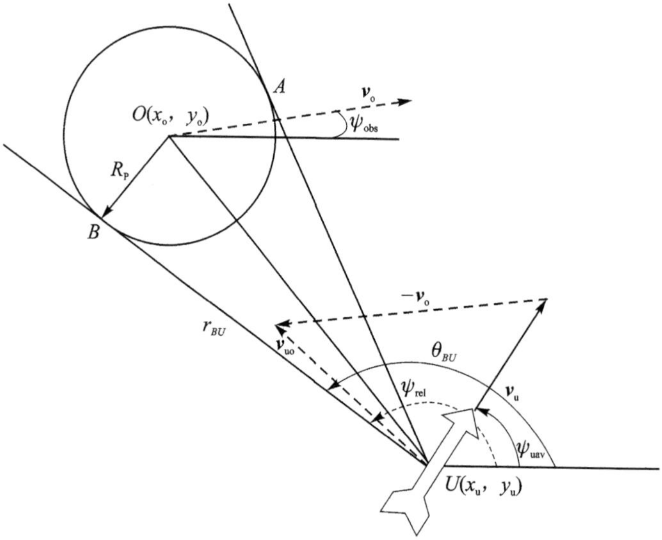

图 9-2 UAV 与障碍物之间的几何关系示意图

同样基于角度变化最小原则，选择避障点为 B 点。则通过 Terminal 滑模控制设计 UAV 避障算法，使相对速度方向角 ψ_{rel} 在 UAV 到达避障点 B 之前收敛到初始切线 UB 方向，即初始视线角 $\theta_{BU}(t_0)$ 方向，确保成功避开障碍物。

建立 UAV 与障碍物之间的运动学方程方法与 7.2.2 小节一样，得 UAV 相对障碍物的运动学方程为

$$\dot{r}_{BU} = -v_{uo}\cos(\theta_{BU} - \psi_{rel}) \tag{9-8}$$

$$\dot{\theta}_{BU} r_{BU} = v_{uo}\sin(\theta_{BU} - \psi_{rel}) \tag{9-9}$$

为建立基于 Terminal 滑模控制的避障模型，在得到运动学方程式(9-8)、式(9-9)的基础上，对式(9-9)求导，并将式(9-8)代入，整理得

$$\ddot{\theta}_{BU} = -\frac{2\dot{r}_{BU}}{r_{BU}}\dot{\theta}_{BU} - \frac{1}{r_{BU}}u_{rel} \tag{9-10}$$

式中，u_{rel} 是相对速度加速度在视线法向上的分量。

$$u_{rel} = v_{rel}\dot{\psi}_{rel}\cos(\theta_{BU} - \psi_{rel}) - \dot{v}_{rel}\sin(\theta_{BU} - \psi_{rel}) \tag{9-11}$$

选取 UAV 在发现障碍物开始避障的初始时刻为 $t = t_0$，初始状态为 $r_{BU}(t_0)$、$\dot{r}_{BU}(t_0)$，初始视线角为 $\theta_{BU}(t_0)$，在 t 时刻的状态为 $r_{BU}(t)$、$\dot{r}_{BU}(t)$，令 $x = \dot{\theta}_{BU}$，则

式(9－10)可写为

$$\dot{x}=-\frac{2\dot{r}_{BU}(t)}{r_{BU}(t)}x-\frac{1}{r_{BU}(t)}u_{\mathrm{rel}} \tag{9-12}$$

式(9－12)为关于视线角速度 $\dot{\theta}_{BU}$ 的一阶系统，相应的是关于视线角 θ_{BU} 的二阶系统。

9.4 Terminal 滑模控制有限时间收敛避障算法设计

在 UAV 避障过程中，机载传感器测量数据的不精确性、制导律参数变化和外界环境干扰等不利因素均对 UAV 的避障效果产生影响，因此基于 Terminal 滑模控制理论设计有限时间收敛避障算法具有实际意义。下面将基于 Terminal 滑模控制理论设计有限时间收敛制导律，通过合适的参数选择，使避障完成时间小于 UAV 到达避障点时间，成功避开障碍物。

9.4.1 制导律设计

式(9－12)是关于视线角加速度 $\ddot{\theta}_{BU}$ 的表达式，当 UAV 完成避障任务时，应满足：$\psi_{\mathrm{rel}}=\theta_{BU}=\theta_{BU}(t_0)$，$\dot{\theta}_{BU}=0$。

因此，设状态变量 $x_1=\theta_{BU}-\theta_{BU}(t_0)$，$x_2=\dot{\theta}_{BU}$，则依据式(9－10)可得二阶不确定非线性动态系统：

$$\left.\begin{aligned}\dot{x}_1&=x_2\\ \dot{x}_2&=f(x)+g(x)+b(x)u_{\mathrm{rel}}\end{aligned}\right\} \tag{9-13}$$

式中，$f(x)=-\dfrac{2\dot{r}_{BU}(t)}{r_{BU}(t)}x_2$，$b(x)=-\dfrac{1}{r_{BU}(t)}$，$g(x)$代表系统参数不确定性及外部干扰等，且有 $l_g>0$，$|g(x)|\leqslant l_g$。

由初始时刻 $x_1(t_0)=0$，$x_2(t_0)\neq 0$ 设计非奇异滑模面为

$$s=x_1+\frac{1}{\beta}|x_2|^{p/q}\mathrm{sgn}(x_2) \tag{9-14}$$

式中，$\beta>0$，p 和 $q(p>q)$为正奇数。

设计非奇异滑模控制器为

$$u_{\mathrm{rel}}=-b^{-1}(x)\left[f(x)+\beta\frac{q}{p}|x_2|^{2-p/q}\mathrm{sgn}(x_2)+(l_g+\eta)\mathrm{sgn}(s)\right] \tag{9-15}$$

式中，$1<p/q<2$，$\eta>0$。

则在控制器式(9－15)的作用下，系统将克服外界干扰在有限时间内到达滑模

面，即式(9-14)，并且状态变量 x_1 和 x_2 将沿滑模面运动，在有限时间内收敛到零。下面对系统的稳定性及有限收敛时间进行分析。

9.4.2　稳定性分析

在滑模到达阶段，选取 Lyapunov 函数：

$$V=\frac{1}{2}s^2 \tag{9-16}$$

对式(9-16)求导，可得

$$\dot{V}=s\dot{s} \tag{9-17}$$

下面求 $\dot{s}$ 的表达式。

结合式(9-13)、式(9-14)可得

$$\begin{aligned}\dot{s}&=\dot{x}_1+\frac{1}{\beta}\frac{p}{q}|x_2|^{\frac{p}{q}-1}\dot{x}_2\\&=x_2+\frac{1}{\beta}\frac{p}{q}|x_2|^{\frac{p}{q}-1}[f(x)+g(x)+b(x)u_{\mathrm{rel}}]\end{aligned} \tag{9-18}$$

把式(9-15)代入式(9-18)，得

$$\begin{aligned}\dot{s}&=x_2+\frac{1}{\beta}\frac{p}{q}|x_2|^{\frac{p}{q}-1}\left[g(x)-\beta\frac{q}{p}|x_2|^{2-\frac{p}{q}}\operatorname{sgn}(x_2)-(l_g+\eta)\operatorname{sgn}(s)\right]\\&=\frac{1}{\beta}\frac{p}{q}|x_2|^{\frac{p}{q}-1}[g(x)-(l_g+\eta)\operatorname{sgn}(s)]\end{aligned} \tag{9-19}$$

因此可得

$$\begin{aligned}s\dot{s}&=\frac{1}{\beta}\frac{p}{q}|x_2|^{\frac{p}{q}-1}[sg(x)-(l_g+\eta)|s|]\\&\leqslant\frac{1}{\beta}\frac{p}{q}|x_2|^{\frac{p}{q}-1}(-\eta|s|)\end{aligned} \tag{9-20}$$

由于 $1<\frac{p}{q}<2$，所以 $0<\frac{p}{q}-1<1$；又由于 $\beta>0$，p 和 $q(p>q)$ 为正奇数，所以 $|x_2|^{\frac{p}{q}-1}>0(x_2\neq0$ 时)。

因此可得

$$\dot{V}=s\dot{s}\leqslant\frac{1}{\beta}\frac{p}{q}|x_2|^{\frac{p}{q}-1}(-\eta\ |\ s\ |)=-\eta'\ |\ s\ |<0 \tag{9-21}$$

式中

$$\eta'=\frac{1}{\beta}\frac{p}{q}|x_2|^{\frac{p}{q}-1}\eta>0\quad(x_2\neq0\ \text{时})$$

可见，控制器满足 Lyapunov 函数稳定条件，系统状态在有限时间内收敛到滑模面。

9.4.3 有限收敛时间分析

在基于滑模变结构控制律作用下，系统运动分滑模到达和在滑模上运动到平衡点两个阶段。因此，收敛时间分为到达滑模时间和在滑模上运动到平衡点时间两部分。

针对滑模到达阶段，设 $s(t_0)\neq 0$ 到 $s(t)=0$ 的时间为 t_r。当 $t=t_0+t_r$ 时，$s(t_0+t_r)=0$。

由 $s\dot{s}\leqslant -\eta'|s|$ 可得：

当 $s\geqslant 0$ 时，

$$\dot{s}\leqslant -\eta' \tag{9-22}$$

对式(9-22)两边积分，得

$$\int_{s(t_0)}^{s(t_0+t_r)} \mathrm{d}s \leqslant \int_{t_0}^{t_0+t_r} -\eta' \mathrm{d}t \tag{9-23}$$

则有

$$s(t_r-t_0)\leqslant -\eta' t_r$$

即

$$t_r \leqslant \frac{s(t_0)}{\eta'} \tag{9-24}$$

同理，当 $s\leqslant 0$ 时，

$$t_r \leqslant -\frac{s(t_0)}{\eta'} \tag{9-25}$$

下一步计算状态变量沿滑模面运动到平衡点的时间 t_s。

考虑到系统初始条件的奇异性，设计滑模面为

$$s=x_1+\frac{1}{\beta}|x_2|^{p/q}\mathrm{sgn}(x_2) \tag{9-26}$$

当状态变量在滑模上运动时，满足 $s=0$，即

$$x_1+\frac{1}{\beta}|x_2|^{p/q}\mathrm{sgn}(x_2)=0 \tag{9-27}$$

同时，式(9-27)等价于

$$x_2+(\beta)^{q/p}x_1^{q/p}=0 \tag{9-28}$$

即有

$$\dot{x}_1=-(\beta)^{q/p}x_1^{q/p} \tag{9-29}$$

对式(9-29)进行积分，得

$$\int_{x_1(t_0+t_r)}^{0} x_1^{-q/p}\mathrm{d}x_1=\int_{t_0+t_r}^{t_0+t_r+t_s} -(\beta)^{q/p}\mathrm{d}t \tag{9-30}$$

化简式(9-30)，有

$$-\left(\frac{p}{p-q}\right)x_1^{1-\frac{q}{p}}(t_0+t_r)=-(\beta)^{q/p}t_s \tag{9-31}$$

则求得

$$t_s = \frac{p}{(p-q)(\beta)^{q/p}} \left| x_1(t_0 + t_r) \right|^{1-\frac{q}{p}} \tag{9-32}$$

因此总的制导系统的收敛时间可表示为

$$T = t_r + t_s \leqslant \frac{|s(t_0)|}{\eta'} + \frac{p}{(p-q)(\beta)^{q/p}} \left| x_1(t_0 + t_r) \right|^{1-\frac{q}{p}} \tag{9-33}$$

综上可知，所设计的制导律能够使制导系统状态在有限时间内收敛。由式(9-25)及式(9-32)可以看出，系统状态到达滑模面的时间与选取的参数 η 成反比，即 η 越大系统状态收敛越快，收敛时间就越短；当系统状态到达滑模面后，收敛到原点的时间与选取参数 p、q 和 β 有关。因此可以通过调节参数 η、p、q 和 β 来控制系统的收敛速度，使总的制导系统的收敛时间小于 UAV 到达避障点时间 $t_{\text{reach}} = \dfrac{r_{BU}(t_0)}{v_{\text{rel}}}$ 完成避障。

9.4.4 UAV 速度求解

由上述避障算法设计可求出控制 u_{rel}。假设相对速度大小不变，即 $\dot{v}_{\text{rel}} = 0$，则由式(9-11)可知

$$u_{\text{rel}} = v_{\text{uo}} \dot{\psi}_{\text{rel}} \cos(\theta_{BU} - \psi_{\text{rel}}) \tag{9-34}$$

进而可知相对速度的加速度为

$$a_{\text{rel}} = v_{\text{uo}} \dot{\psi}_{\text{rel}} = u_{\text{rel}} / \cos(\theta_{BU} - \psi_{\text{rel}}) \tag{9-35}$$

假设障碍物为匀速运动，则相对速度的加速度全部由 UAV 提供，因此可得 UAV 速度大小及方向角变化率为

$$\dot{v}_{\text{u}}(t) = -a_{\text{rel}}(t) \sin[\psi_{\text{rel}}(t) - \psi_{\text{uav}}(t)] \tag{9-36}$$

$$\dot{\psi}_{\text{uav}}(t) = a(t) \cos[\psi_{\text{rel}}(t) - \psi_{\text{uav}}(t)] / v_{\text{u}}(t) \tag{9-37}$$

由式(9-36)及式(9-37)就可求出 UAV 的运动轨迹。

9.5 仿真分析

假设 UAV 及障碍物在二维平面运行，初始条件如表 9-1 所列，形状上均假设为半径 $R = 2\ 300$ m 的圆，障碍物为匀速运动。

表 9-1 UAV 与障碍物初始条件

初始条件	(x, y)	$v/(\text{m} \cdot \text{s}^{-1})$	$\psi/(°)$
UAV	(0 m,0 m)	100	90
障碍物	(−10 000 m,10 000 m)	100	0

由表 9－1 给定的初始条件，通过计算可求得 UAV 到达避障点 B 的时间为 $t_{\text{reach}} \approx 95$ s，因此，通过选择合适的参数 η、p、q 和 β，可使 UAV 在到达避障点 B 前相对速度方向角收敛到初始视线角 $\theta_{BU}(t_0)$。

假设不确定因素为正弦干扰 $g(x)=0.007\sin t$，结合式(9－33)及避障完成时间约束，通过计算，选择 $\eta=0.02$，$p=8$，$q=6$，$\beta=1.7$。仿真结果见图 9－3～图 9－9。

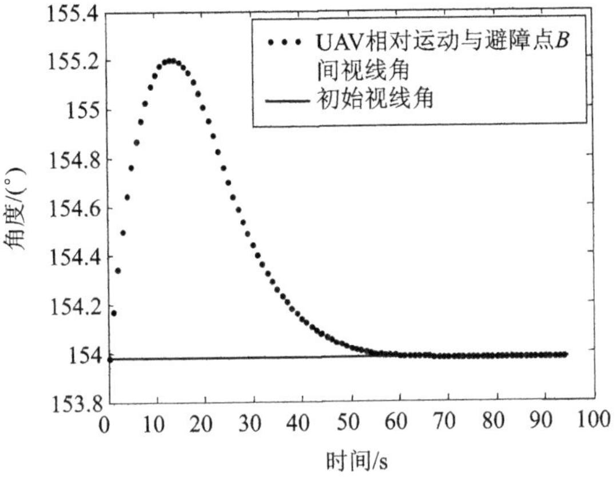

图 9－3　UAV 相对运动与避障点间视线角变化示意图

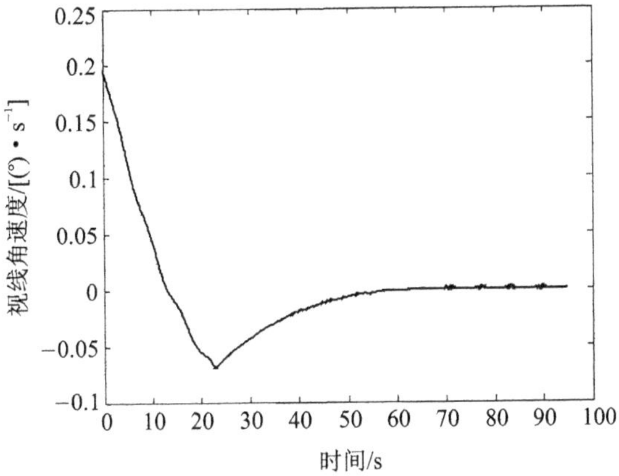

图 9－4　视线角速度变化示意图

由图 9－3 知虚拟运动 UAV 与避障点 B 间的视线角 θ_{BU} 逐渐收敛，且在 $t \approx 90$ s 时保持稳定，稳定值与初始切线角 $\theta_{BU}(t_0)$ 相等，知此时 UAV 在未到达障碍物前已转到切线方向，保证可成功避开障碍物；由图 9－4 可见视线角速度趋势为逐渐减小，且在 $t \approx 90$ s 时收敛为零，再次表明视线角速度最终稳定；图 9－5 为 UAV 相对障碍物速度方向角，由图可看出 UAV 相对障碍物的相对速度方向角在 $t \approx 90$ s 时逐渐稳定，并收敛到初始视线角 $\theta_{BU}(t_0)$ 方向；图 9－6 为 UAV 实际控制输入，即加速度变化示意图，由图可看出 UAV 避障过程中所需加速度由于滑模控制的开关作用，出现

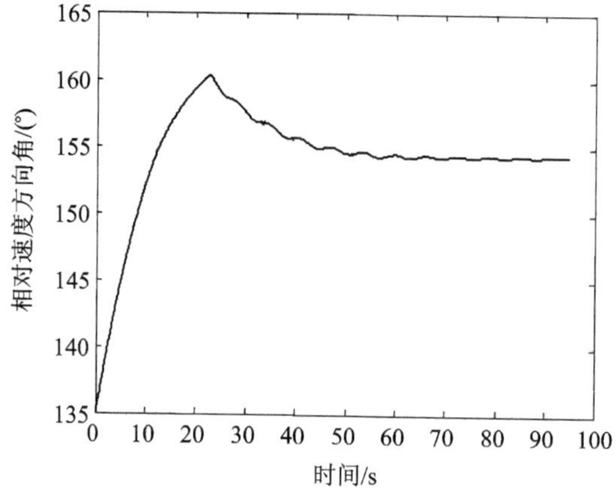

图 9-5　UAV 相对速度方向角变化示意图

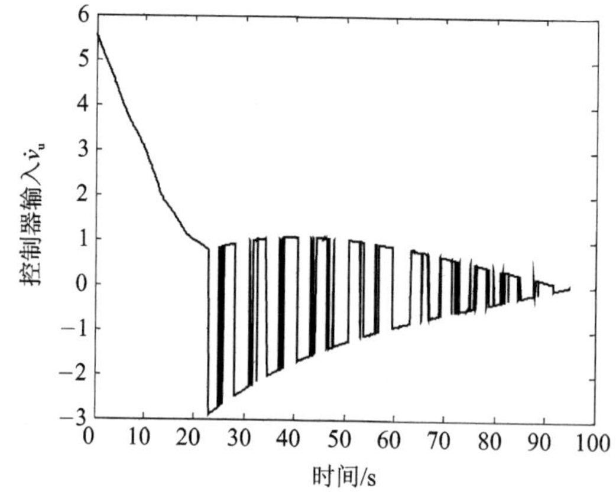

图 9-6　UAV 控制输入

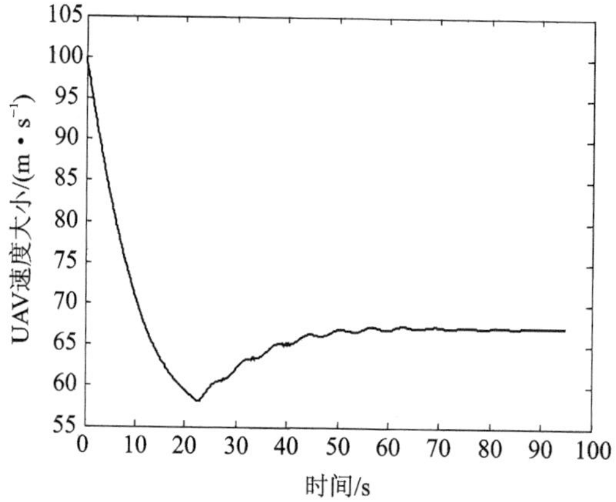

图 9-7　UAV 速度大小变化示意图

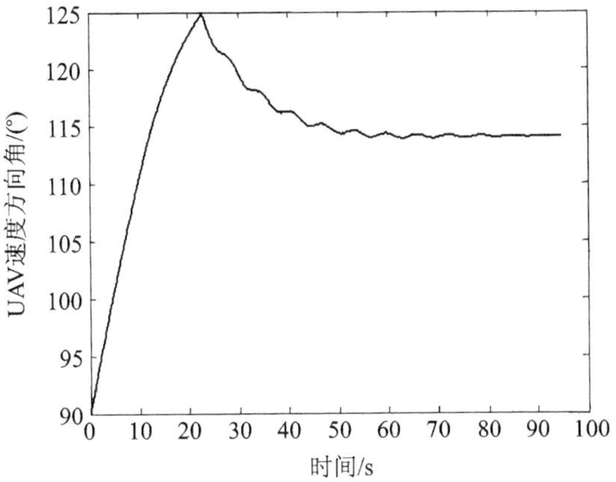

图 9－8　UAV 速度方向角变化示意图

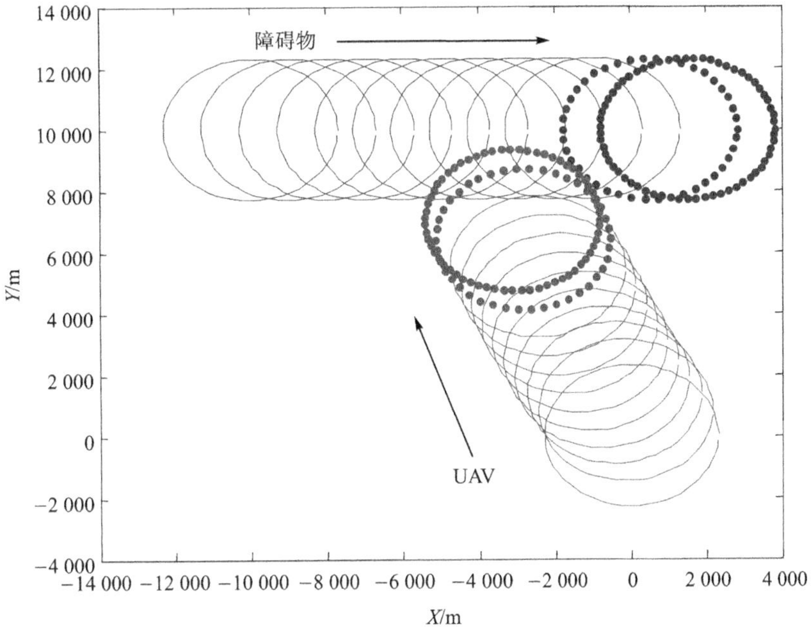

图 9－9　UAV 避障过程示意图

颤振，但数值却在 UAV 过载可承受范围内，表明设计的控制律是可实现的。图 9－7、图 9－8 为 UAV 实际速度大小及方向角变化示意图，由图亦可见，UAV 实际速度大小及方向角变化并不剧烈。图 9－9 为 UAV 避开障碍物运动示意图，由图可见，在 UAV 与障碍物相遇时两者正好相切（运动方向上第一个虚线圆所示），随后 UAV 与障碍物之间的距离逐渐增大，表明 UAV 成功避开障碍物。

参考文献

[1] 吕正学，蔡群. 无人机作战运用及发展趋势刍议[J]. 国防科技，2007，4(1)：60-63.

[2] Anusha M, Padhi R. Evolving philosophies on autonomous obstacle/collision avoidance of unmanned aerial vehicles[J]. Journal of Aerospace Computing Information and Communication, 2011, 8(2): 17-41.

[3] 张亚鸣，雷小宁，杨胜跃. 多机器人路径规划研究方法[J]. 计算机应用，2008，25(9)：2566-2569.

[4] 赵莹. 下一代无人机研发中的关键技术[J]. 飞航导弹，2008，10.

[5] Mercado Velasco G A, Borst C, Ellerbroek J, et al. The Use of intent information in conflict detection and resolution models based on dynamic velocity obstacles[J]. IEEE Transactions on Intelligent Transportation Systems, 2015, 16(4): 2297-2302.

[6] Shin H S, Tsourdos A, White B A, et al. UAV conflict detection and resolution for static and dynamic obstacles[C]//AIAA Guidance, Navigation and Control Conference and Exhibit, Honolulu, HI, 2008: 1-21.

[7] Watanabe Y, Calise A J, Johnson E N. Vision-based obstacle avoidance for UAVs[C]//AIAA Guidance, Navigation and Control Conference and Exhibit, 2007: 11.

[8] Agrawal P, Ratnoo A, Ghose D. Vision based obstacle detection and avoidance for UAVs using image segmentation[C]//AIAA Guidance, Navigation and Control Conference, 2015: 8-48.

[9] 张厚道. 基于数字地图的无人战斗机低空突防轨迹规划方法研究[D]. 西安：西北工业大学，2004：1-3.

[10] Zhang Yi, Yang Xiuxia, Zhou Weiwei. Flyable path planning for multiple UAVs in complicated threat environment[C]// 2014 IEEE International Conference on Multisensor Fusion and Information Integration for Intelligent Systems(MFI), 2014: 1-5.

[11] Clark, Christopher. Probabilistic road map sampling strategies for multi-robot motion planning[J]. Robotics and Autonomous Systems, 2005, 53: 244-264.

[12] Schwartz J T, Shair M. On the "piano moves" problem: The case of a two dimensional rigid polygonal body moving amidst polygonal barriers[J]. Pure Appl, 1998, 3: 36-39.

[13] 张淘沙，鲁艺，张亮，吕跃. 改进型 Voronoi 图和动态权值 A * 算法的无人机航迹规划[J]. 火力与指挥控制，2015(2).

[14] Lu Gang, Zhou Mingtian, Wang Xiaoming, et al. Principles of the complete voronoi diagram localization[J]. IEEE Transactions on Mobile Computing, 2016(15): 2048-2063.

[15] 周郭许，唐西林. 基于栅格模型的 UAV 路径规划快速算法[J]. 计算机工程应用，2006，42(21)：196-199.

[16] Khatib. Motion and force control for robot manipulators[C]//IEEE Robotics and Automation, 1986: 1381-1386.

[17] 洪晔，边信黔．基于三维速度势场的 AUV 局部避碰研究[J]．机器人，2007，29(1)：88-91．
[18] 张煌辉．基于动态人工势场的路径规划研究与应用[D]．湖南：长沙理工大学，2010．
[19] 包勇，符小卫，高晓光．势场理论的多无人机协同路径规划方法[J]．火力与指挥控制，2012(3)．
[20] Pradhan Saroj Kumar，Parhi Dayal Ramakrushna，Panda Anup Kumar，et al. Potential field method to navigate several mobile robots[J]. Applied Intelligence，2006.
[21] Richalet J. Industrial applications of model based predictive control[J]. Automatica，1993，29(5)：1251-1274.
[22] Mayne D Q，Rawlings J B，Rao C V. Constrained model predictive control：stability and optimality[J]. Automatica，2000，36(6)：789-814.
[23] Leung C，Huang S，Kwok N. Planning under uncertainty using model predictive control for information gathering[J]. Robotics and Autonomous Systems，2006，54(11)：898-910.
[24] 任佳，高晓光，张艳．移动威胁情况下的无人机路径规划[J]．控制理论与应用，2010，27(5)：641-647．
[25] 梁宵，王宏伦，曹孟磊．无人机复杂环境中跟踪运动目标的实时航路规划[J]．北京航空航天大学学报，2012，38(9)：1129-1133．
[26] 张纯刚，席裕庚．动态未知环境中移动机器人的滚动路径规划[J]．机器人，2002，24(10)：71-75．
[27] Shim D H，Chung H，Sastry S. Autonomous exploration in unknown urban environments for Unmanned Aerial Vehicles[J]. IEEE Robotics and Autonomous Magazine，2006，13(3)：27-33.
[28] Han Su-Cheol，Banz Hyochoong，Yoo Chang-sun. Proportional Navigation-based collision avoidance[J]. International Journal of Control，Automation，and Systems，2009，7(4)：553-565.
[29] Han S C，Bang H. Proportional navigation based optimal collision avoidance for UAVs[C]//The 2nd International Conference on Autonomous Robots and Agents，2004：356-369.
[30] 敖建华．基于改进比例导引法的机器人动态避障算法[J]．计算机测量与控制，2015，23(4)：1276-1278．
[31] 魏瑞轩，周凯，王树磊，等．面向未知环境的无人机障碍规避制导律设计[J]．系统工程与电子技术，2015，25(9)：2096-2101．
[32] Anusha Mujumdar，Radhakant padhi. Reactive collision avoidance using nonlinear geometric and differential geometric guidance[J]. Journal of Guidance，Control，and Dynamics，2011，34(1)：303-310.
[33] Shin H S，Tsourdos A，White B. UAS conflict detection and resolution using differential geometry concepts[J]. Sense and Avoid in UAS：Research and Applications，2012，61：175.
[34] White B A，Shin H S，Tsourdos A. UAV obstacle avoidance using differential geometry concepts[C]//The 18th International Federation of Automatic Control Word Congress，2011：6325-6330.
[35] Fiorini P，Shiller Z. Motion planning in dynamic environments using the relative velocity paradigm[C]//IEEE International Conference on Robotics and Automation，Piscataway，NJ，USA，1993：560-565.

[36] Fiorini P, Shiller Z. Motion planning in dynamic environments using velocity obstacles[J]. International Journal of Robotics Research, 1998, 17(7): 760-772.

[37] Shiller Z, Large F, Sekhavat S, et al. Motion planning in dynamic environments[C]// Autonomous Navigation in Dynamic Environments. Springer Berlin Heidelberg, 2007: 107-119.

[38] van den Berg J, Lin M, Manocha D. Reciprocal velocity obstacles for real-time multi-agent navigation[C]// 2008 IEEE International Conference on Robotics and Automation(ICRA), 2008: 1928-1935.

[39] van den Berg J, Guy S J, Lin M, et al. Reciprocal n-body collision avoidance[M]//Robotics research. Springer Berlin Heidelberg, 2011: 3-19.

[40] Snape J, van den Berg J, Guy S J, et al. The hybrid reciprocal velocity obstacle[J]. IEEE Transactions on Robotics, 2011, 27(4): 696-706.

[41] van Den Berg J, Snape J, Guy S J, et al. Reciprocal collision avoidance with acceleration-velocity obstacles[C]// 2011 IEEE International Conference on Robotics and Automation (ICRA), 2011: 3475-3482.

[42] Bareiss D, van den Berg J. Reciprocal collision avoidance for robots with linear dynamics using LQR-obstacles[C]// 2013 IEEE International Conference on Robotics and Automation (ICRA), 2013: 3847-3853.

[43] Rufli M, Alonso-Mora J, Siegwart R. Reciprocal collision avoidance with motion continuity constraints[J]. IEEE Transactions on Robotics, 2013, 29(4): 899-912.

[44] Asadi F, Richards A. Cooperative conflict resolution by velocity obstacle method[C]//2014 UKACC International Conference on Control, Loughborough, U. K., 2014: 640-645.

[45] Jenie Y I, van Kampen E J, de Visser C C, et al. Selective velocity obstacle method for cooperative autonomous collision avoidance system for UAVs[C]//AIAA Guidance, Navigation and Control Conference, Boston, MA, 2013.

[46] 朱齐丹，仲训昱，张智. 基于速度变化空间的移动机器人动态避碰规划[J]. 机器人，2009，31(6)：539-547.

[47] 张风. 基于加速度空间的移动 UAV 避碰规划研究[D]. 沈阳：中国科学院沈阳自动化研究所，2004：1-56.

[48] 黄永龙，仲训昱. 基于改进速度障碍法的多机器人避碰规划算法[J]. 计算机工程与应用，2012，48(32)：47-51.

[49] Wu A P. Guaranteed avoidance of unpredictable, dynamically constrained obstacles using velocity obstacle sets [D]. USA: Massachusetts Institute of Technology, 2011.

[50] Jenie Y I, van Kampen E J, de Visser C C, et al. Velocity obstacle method for non-cooperative autonomous collision avoidance system for UAVs[C]//AIAA Guidance, Navigation and Control Conference, AIAA SciTech, 2014.

[51] Jenie Yazdi I, van Kampen Erik-Jan, de Visser, Coen C, et al. Three-Dimensional Velocity Obstacle Method for UAV Deconicting Maneuvers[C]// AIAA Guidance, Navigation and Control Conference, AIAA, Kissimmee, FL, 2015, AIAA 2015-0592, 2015.

[52] Jenie Yazdi I, van Kampen Erik-Jan, de Visser Coen C, et al. Three-dimensional velocity obstacle method for UAV uncoordinated avoidance maneuvers[C]// AIAA Guidance, Navigation,

and Control Conference 4-8 January 2016, san Diego, California, USA AIAA SciTech, AIAA 2016-1269, 2016.

[53] Chakravarthy A, Ghose D. Obstacle avoidance in a dynamic environment: a collision cone approach[J]. IEEE transaction on systems, man and cybernetics-part A: system and humans, 1998, 28(5): 562-574.

[54] Chakravarthy A, Ghose D. Generalization of the collision cone approach for motion safety in 3-D environments[J]. Autonomous Robots, 2012, 32(3): 243-266.

[55] 马炫. 求解 k 条最优路径问题的遗传算法[J]. 计算机工程与应用, 2006(12).

[56] 陈曦, 谭冠政, 江斌. 基于免疫遗传算法的移动机器人实时最优路径规划[J]. 中南大学学报(自然科学版), 2008(03).

[57] 田从丰. 基于强化学习的轮式移动 UAV 避障研究[D]. 辽宁: 东北大学, 2009.

[58] Park H, Kim J H. Potential and dynamics-based particle swarm optimization[J]. Proceedings of the IEEE World Congress on Computational Intelligence, 2008: 2354-2359.

[59] 张毅, 杨秀霞, 周硙硙. 基于速度障碍法的多 UAV 可飞行轨迹优化生成[J]. 系统工程与电子技术, 2015, 37(2): 323-310.

[60] Alsaab A, Bicker R. Improving velocity obstacle approach for obstacle avoidance in indoor environments[C]//2014 UKACC International Conference on Control, Loughborough, U. K., 2014: 325-330.

[61] 杨秀霞, 周硙硙, 张毅. 基于速度障碍圆弧法的 UAV 自主避障规划研究[J]. 系统工程与电子技术, 2017, 39(1): 168-176.

[62] Farouki R T, Sakkalis T. Pythagorean hodographs[J]. IBM Journal of Research and Development, 1990, 34(5): 736-752.

[63] Farouki R T, Neff C A. Hermite interpolation by pythagorean hodograph quintics[J]. Mathematics of computation, 1995, 64(212): 1589-1609.

[64] 杨秀霞, 张毅, 周硙硙. 一种动态不确定环境下 UAV 自主避障算法[J]. 系统工程与电子技术, 2017, 39(11): 160-166.

[65] Yang Xiuxia, Zhang Yi, Zhou Weiwei. Obstacle avoidance method of three-dimensional obstacle spherical cap[J]. Journal of Systems Engineering and Electronics, 2018, 39(10): 1058-1068.

[66] 杨秀霞, 张毅, 周硙硙, 等. 基于空间障碍球冠的 UAV 保角映射避碰决策[J]. 华中科技大学学报[J]. 2019, 47(2): 132-137.

[67] Zhang Yi, Yang Xiuxia, Zhou Weiwei, et al. UAV flyable trajectory generation and its tracking control[J]. International Journal of Control and Automation, 2015, 8(4): 383-396.

[68] Rida A M T. Pythagorean-hodograph curves: algebra and geometry inseparable[M]. Springer-Verlag Berlin Heidelberg, 2008.

[69] Farouki R T, Al-Kandari M, Sakkalis T. Hermite interpolation by rotation-invariant spatial pythagorean-hodograph curves[J]. Advances in Computational Mathematics, 2002, 17(4): 369-383.

[70] Carbone C, Ciniglio U, Corraro F, et al. A novel 3D geometric algorithm for aircraft autonomous collision avoidance[C]// 2006 45th IEEE Conference on Decision and Control, 2006:

1580-1585.

[71] Melega M, Lazarus S, Savvaris A, et al. Multiple threats sense and avoid algorithm for static and dynamic obstacles[J]. Journal of Intelligent & Robotic Systems, 2015, 77(1): 215-228.

[72] 雅诺舍夫斯基·拉斐尔. 无人机制导[M]. 牛轶峰,朱华勇,沈林成,等译. 北京:国防工业出版社,2015.

[73] 刘兴堂. 导弹制导控制系统分析、设计与仿真[M]. 北京:北京航空航天大学出版社,2006.

[74] 张飞宇. 增强型比例导引系统制导性能的研究[J]. 弹道学报,2010,22(3):103-105.

[75] 王欣,刘旭,姚俊. 基于目标变轨运动的扩展比例导引律仿真研究[J]. 弹箭与制导学报,2013,33(2):12-14.

[76] 刘小伟,杨秀霞,张毅. 基于比例导引律的无人机避障研究[J]. 计算机仿真,2015,32(1):34-39.

[77] 张毅,杨秀霞. 多无人飞行器可飞行航迹自主规划及导引[M]. 北京:国防工业出版社,2019.

[78] 杨秀霞,刘小伟,张毅. 基于时间约束的无人机避障研究[J]. 飞行力学,2015,33(2):15-129.

[79] Belkhouche F. Nonholonomic robots navigation using linear navigation functions[C]. Proceedings of the 2007 American Control Conference, 2007: 388-390.

[80] Belkhouche F, Belkhouche B, Rastgoufard P. Autonomous navigation and obstacle avoidance using navigation laws with time-varying deviation functions[J]. Advanced Robotics, 2007, 21(5-6): 555-581.

[81] Belkhouche F. Reactive path planning in a dynamic environment[J]. IEEE Transactions on Robotics, 2009, 25(4): 902-911.

[82] Belkhouche F, Bendjilali B. Reactive path planning for 3-D autonomous vehicles[J]. IEEE Transactions on Control Systems Technology, 2012, 20(1): 249-256.

[83] 钱杏芳,林瑞雄,赵亚男. 导弹飞行力学[M]. 北京:北京理工大学出版社,2006:102-112.

[84] Jin Y, Chang P H, Jin Maolin, et al. Stability guaranteed time-delay control of manipulators using nonlinear damping and terminal sliding mode[J]. IEEE Transactions on Industrial Electronics, 2012, 60(8): 3304-3317.

[85] Galias Z, Yu Xinghuo. Dynamical behaviors of discretized second-order terminal sliding-mode control systems[J]. IEEE Transactions on Circuits and Systems: Express Briefs, 2012, 59(9): 597-601.

[86] Wu Y, Yu X H, Man Z H. Terminal sliding mode control design for uncertain dynamic systems[J]. Systems and Control Letters, 1998, 34(1): 281-288.

[87] Feng Y, Yu X H, Man Z H. Non-singular terminal sliding mode control of rigid manipulators [J]. Automatica, 2002, 38(1): 2159-2167.

[88] Tao C W, Taur J S, Chan M L. Adaptive fuzzy terminal sliding mode controller for linear systems with mismatched time varying uncertainities[J]. IEEE Transactions on Systems, 2003, Part B: 1-8.

[89] Liu Jinkun, Sun Fuchun. A novel dynamic terminal sliding mode control of uncertain nonlinear systems[J]. Journal of Control Theory and Applications, 2007, 5(2): 189-193.